CHEMISCHE BESTIMMUNG
VON STEROIDEN IM MENSCHLICHEN HARN

CHEMISCHE BESTIMMUNG VON STEROIDEN IM MENSCHLICHEN HARN

VON

GEORG WALTER OERTEL

DIPLOM-CHEMIKER, DR. RER. NAT., PRIVATDOZENT FÜR EXPERIMENTELLE
ENDOKRINOLOGIE, ENDOKRINOLOGISCHE ABTEILUNG DES INSTITUTS
FÜR HYGIENE UND MIKROBIOLOGIE, UNIVERSITÄT DES SAARLANDES
HOMBURG/SAAR

SPRINGER-VERLAG BERLIN HEIDELBERG GMBH
1964

ISBN 978-3-540-03192-5   ISBN 978-3-642-92887-1 (eBook)
DOI 10.1007/978-3-642-92887-1

Alle Rechte, insbesondere das der Übersetzung in fremde Sprachen,
vorbehalten
Ohne ausdrückliche Genehmigung des Verlages ist es auch nicht gestattet,
dieses Buch oder Teile daraus auf photomechanischem Wege
(Photokopie, Mikrokopie) oder auf andere Art zu vervielfältigen

© by Springer-Verlag Berlin Heidelberg 1964
Ursprünglich erschienen bei Springer-Verlag OHG., Berlin · Gottingen · Heidelberg 1964

Titel-Nr. 1220

Vorwort

Vorliegende Monographie ist als Ergänzung zu ,,Chemische Bestimmung von Steroiden im menschlichen Plasma" gedacht. Die Auswahl der hier näher erläuterten Methoden erfolgte z.T. auf Grund eigener Erfahrungen, z.T. nach Vorschlägen der in einzelnen Gebieten besonders bewanderten Fachleute oder aber anhand der Zuverlässigkeitskriterien, die zusammen mit der Anwendbarkeit eine Eignung für das endokrinologische Laboratorium erkennen lassen. Dennoch muß die Auswahl der Bestimmungsverfahren als ebenso subjektiv angesehen werden wie die der angeführten Literatur.

Den Herren Professoren Dr. Dr. W. ZIMMERMANN, Direktor des Instituts für Hygiene und Mikrobiologie, Homburg (Saar), Dr. K. B. EIK-NES, Salt Lake City, Utah, USA und Dr. R. GANDAR, Straßburg sowie Herrn Dr. W. NOCKE, Düsseldorf sei für wertvolle Ratschläge und Hinweise gedankt. Besonderer Dank gebührt dem Springer-Verlag, Berlin-Göttingen-Heidelberg für die schnelle Drucklegung dieser Monographie.

Homburg (Saar), November 1963

GEORG W. OERTEL

Inhaltsverzeichnis

Einleitung 1

C_{18}-Steroide 7
  1. Bestimmung von Gesamtoestrogenen im Harn nach JAYLE et al. 13
  2. Bestimmung von Gesamtoestrogenen im Harn nach ITTRICH . . 15
  3. Bestimmung von Oestron, Oestradiol und Oestriol im Harn nach BROWN 18
  4. Bestimmung von Oestron, Oestradiol und Oestriol im Harn nach BAULD 22
  5. Bestimmung von Oestron, Oestradiol und Oestriol im Harn nach PREEDY und AITKEN 25
  6. Bestimmung von 2-Methoxy-oestron, Oestron, Ring D-α-ketolischen Oestrogenen, Oestradiol, Oestriol und 16-epi-Oestriol im Harn nach GIVNER et al. 27
  7. Bestimmung von Oestriol im Harn nach EBERLEIN et al. . . . 32
  8. Bestimmung von 16-epi-Oestriol im Harn nach NOCKE und BREUER 34

C_{19}-Steroide 38
  1. Bestimmung von Gesamt-17-Ketosteroiden im Harn nach BIRKET-SMITH 43
  2. Bestimmung von Gesamt-17-Ketosteroiden im Harn nach DREKTER et al. 44
  3. Bestimmung von Gesamt-17-Ketosteroiden im Harn nach ZIMMERMANN und PONTIUS 45
  4. Bestimmung von Gesamt-17-Ketosteroiden im Harn nach den Empfehlungen des BRITISH MEDICAL RESEARCH COUNCIL . . . 46
  5. Bestimmung verschiedener 17-Ketosteroide im Harn nach KELLIE und WADE 47
  6. Bestimmung einzelner 17-Ketosteroide im Harn nach JAMES . . 50
  7. Bestimmung einzelner 17-Ketosteroide im Harn nach STARNES et al. 53
  8. Bestimmung von Dehydroepiandrosteron im Harn nach FOTHERBY 57
  9. Bestimmung von Testosteron im Harn nach VERMEULEN und VERPLANCKE 59
  10. Bestimmung von Testosteron im Harn nach FUTTERWEIT et al. 60
  11. Trennung neutraler Steroide in die 3α- und 3β-Hydroxy-fraktion nach BUTT et al. 62
  12. Trennung neutraler Steroide in eine ketonische und nicht-ketonische Fraktion nach PINCUS und PEARLMAN 63

C_{21}-Steroide 64
Pregnandiol und Pregnantriol 72
  1. Bestimmung von Pregnandiol im Harn nach KLOPPER et al. . . 74
  2. Bestimmung von Pregnandiol im Harn nach TURNER et al. . . 75

3. Bestimmung von Pregnandiol (und Pregnantriol) im Harn nach GOLDZIEHER und NAKAMURA 76
4. Bestimmung von Pregnandiol (und Pregnantriol) im Harn nach MARTIN et al. 79
5. Bestimmung von Pregnantriol im Harn nach FOTHERBY und LOVE 80
6. Bestimmung von Pregnantriol im Harn nach STARKA und MALIKOVA 82

Pregnantriolon 83
1. Bestimmung von Pregnantriolon (und Pregnantriol) im Harn nach Cox 84
2. Bestimmung von Pregnantriolon im Harn nach Cox und FINKELSTEIN 85

Corticosteroide und Metaboliten (Corticoide) 87
1. Bestimmung von 20,21-Ketolen im Harn nach KINGSLEY und GETCHELL 90
2. Bestimmung von 17-Hydroxy-20,21-ketolen im Harn nach SILBER und PORTER 91
3. Bestimmung von 17-Hydroxy-20,21-ketolen im Harn nach KORNEL 93
4. Bestimmung von 17-Hydroxy-20,21-ketolen im Harn nach GLENN und NELSON bzw. EIK-NES 94
5. Bestimmung von 17-Hydroxy-20,21-ketolen, 17,20,21-Triolen und 17,20-Diolen im Harn nach EDWARDS und KELLIE 96
6. Bestimmung von 17-Hydroxy-20,21-ketolen, 17,20,21-Triolen und 17,20-Diolen im Harn nach SOBEL et al. 97
7. Bestimmung von 17-Hydroxy-20,21-ketolen, 17,20,21-Triolen, 17,20-Diolen und 17-Hydroxy-20-ketonen (17-Hydroxy-C_{21}-Steroiden) im Harn nach BIRKE et al. 99
8. Bestimmung von 17-Hydroxy-20,21-ketolen, 17,20,21-Triolen, 17,20-Diolen und 17-Hydroxy-20-ketonen im Harn nach WILSON und LIPSETT 101
9. Bestimmung von freiem Cortisol im Harn nach ROSNER et al. ... 102
10. Bestimmung einzelner C_{21}-Steroide im Harn nach STARNES et al. 104

Aldosteron 106
1. Bestimmung von Aldosteron im Harn nach NEHER und WETTSTEIN 109
2. Bestimmung von Aldosteron im Harn nach STAUB et al. 110
3. Bestimmung von Aldosteron im Harn nach SIEGENTHALER et al. 113
4. Bestimmung von Aldosteron im Harn nach KLIMAN und PETERSON 115

Reinigung von Lösungsmitteln und Reagenzien 119

Zuverlässigkeitskriterien 122

Literatur 124

Einleitung

Während die Endokrinologie noch vor wenigen Jahren nur eine neue und leicht übersichtliche Arbeitsrichtung der inneren Medizin und Gynäkologie darstellte, so hat sich hieraus im Zuge einer ständig wachsenden Forschungstätigkeit eines der interessantesten und fruchtbarsten Grenzgebiete zwischen Medizin und Biochemie entwickelt, dessen Überblick heute selbst dem Fachmanne schwerfallen dürfte. Nicht zuletzt ist die gegenwärtige Bedeutung der Endokrinologie auf die vielfachen Möglichkeiten zurückzuführen, die zur Funktionsprüfung innersekretorischer Organe herangezogen werden können und somit die Diagnostik endokrinologisch-pathologischer Zustände erleichtern. Wenngleich für den qualitativen und quantitativen Nachweis der einzelnen Hormone oder ihrer Metaboliten [1, 2] – im folgenden auf Steroidhormone und ihre Stoffwechselprodukte beschränkt – mit Harn oder Blut ein brauchbares Ausgangsmaterial zur Verfügung steht, so bedient man sich in den meisten klinisch-endokrinologischen Laboratorien vorzugsweise der Harnanalyse. Ihre Durchführung bietet auf Grund des reichlichen Untersuchungsmaterials, der verhältnismäßig hohen Konzentrationen gesuchter Verbindungen und einer vergleichsweise einfachen Methodik nicht zu übersehende Vorteile gegenüber entsprechenden Plasmabestimmungen. Auf der anderen Seite aber sei festgestellt, daß mit den im Harn nachgewiesenen Steroiden zwar die innerhalb einer gewissen Zeitspanne gebildeten Hormone und ihre Metaboliten erfaßt werden, die Wirkkonzentration des Hormons, wie sie etwa im Plasma enthalten ist, jedoch unbekannt bleibt. Es sei denn, daß man durch gleichzeitige Verabreichung isotopenmarkierter Steroide die Sekretionsrate einzelner Hormone aus der spezifischen Radioaktivität der im Harn anfallenden Verbindungen bzw. Metaboliten berechnet und auf diesem Wege eine gleichwertige Aussage über die Funktion steroidbildender Organe erhält [4–7]. Was die im Harn aufgefundenen Steroide angeht – ihre Isolierung ist nicht nur eine Vorbedingung für die Strukturermittlung, sondern auch unentbehrlich für die Prüfung ihrer physiologisch-pharmakologischen Wirkung und die Festlegung ihrer Rolle im endokrinen Stoffwechselgeschehen –, so hat sich deren Zahl seit der Gewinnung des ersten Steroidhormons aus menschlichem Harn stetig erhöht und die Hundert bereits überschritten. Schon verhältnismäßig frühzeitig erkannte man, daß die Hauptmenge der im Harn ausgeschiedenen Steroide erst vermittels einer Säurehydrolyse in Freiheit gesetzt werden kann [8]. Eingehendere Untersuchungen erbrachten sodann die Aufklärung der zugrunde liegenden, ursprünglichen Verbindungen, die als Steroid-sulfate [9–13] bzw. Steroid-glucuronoside [13–17] identifiziert wurden. Derartige Befunde entsprachen den damaligen Vorstellungen über Entgiftung und Ausscheidung der für den Organismus entbehrlichen Stoffe durch Koppelung an Schwefelsäure oder Glucuronsäure. Die allgemeine Annahme, solche Steroid-konjugate besäßen keinerlei physiologische Bedeutung, erfuhr jedoch durch jüngste Experimente eine weitgehende Einschränkung. Hiernach vermögen z.B. Oestrogen-sulfate, die durch Pyridoxal-phosphat bewirkte Aktivierung der Muskelphosphorylase zu hemmen [18]. Auch die neuerdings aufgeworfene Frage einer Sekretion von Steroidkonjugaten seitens der Nebennierenrinde fügt sich nicht in das alte Bild der Konjugation [19–23]. Ob es sich bei den ausgeschütteten Konjugaten lediglich um Steroidester der Schwefelsäure oder aber um Steroidester einer Diglycerid-schwefelsäure [24] handelt, sei dahingestellt. Die Isolierung der verschiedensten Steroid-konjugate aus Harn, die in zahlreichen Arbeiten ihren Niederschlag fand [8–10, 12, 16, 25–39], ließ unter anderem erkennen, daß Steroide mit einer 3β-Hydroxy-gruppe fast ausschließlich als Sulfate, 3α-Hydroxy-steroide dagegen vornehmlich als Glucuronoside ausgeschieden werden [26, 28]. Da erstere Konjugate leicht spaltbare Ester einer anorganischen Säure darstellen, letztere aber eine glykosidische Bindung an Glucuronsäure aufweisen, bringt die Hydrolyse der gesamten Steroid-konjugate im Harn als erster Schritt auf dem Wege zu einer qualitativen oder quantitativen Analyse einzelner Steroide bzw. Steroidgruppen Schwierigkeiten mit sich [40–43]. Zwar gelingt eine vollständige Spaltung von Steroid-sulfaten und -glucuronosiden durch eine längere Einwirkung starker Mineralsäuren bei erhöhter Temperatur, wobei im allgemeinen die Säurekonzentration zwischen 5 und 15%, die Temperatur zwischen 80 und 100 °C und die Dauer der Hydrolyse zwischen 10 und 30 min schwankt, doch besteht bei derartigen Methoden die Gefahr einer teilweisen Zerstörung labiler Steroidkonjugate, wie etwa von Dehydroepiandrosteron-sulfat [42]. Die nach heißer Säurehydrolyse gefundenen Konzentrationen verschiedener Steroidgruppen können daher unter den Werten liegen, die im Anschluß an schonendere Hydrolyseverfahren erhalten werden. Diese Nachteile der heißen Säurehydrolyse lassen sich z.B. durch Anwendung einer enzymatischen Hydrolyse vermeiden. Man benutzt hierzu einmal β-Glucuronidasen bakterieller [*44*] oder tierischer [*45–47*] Herkunft, deren pH-Optimum 6,0–7,0 bzw. 4,5–5,0 beträgt, zum anderen Steroid- [*48–51*] und Aryl-sulfatasen [*52, 53*] aus Leber oder Schnecken mit einem pH-Optimum zwischen 6,5 und 7,5. Im Handel befinden sich auch Enzympräparate, die sowohl β-Glucuronidase wie Sulfatase enthalten und somit eine vollständige Hydrolyse der im Harn ausgeschiedenen Steroid-konjugate gewährleisten sollten [*54, 55*]. Um eine mögliche Inaktivierung z.B. der bakteriellen β-Glucuronidase durch Blokkierung von Sulfhydrylgruppen zu verhindern, wird der Zusatz von Cystein oder Äthylendiamintetraessigsäure gelegentlich empfohlen [*41*]. Anstelle der enzymatischen Hydrolyse von Steroidsulfaten führt eine kontinuierliche Extraktion des Harns bei pH 0,5–1,0 mittels organischer Lösungsmittel [*12, 42, 56*] gleichfalls zur schonenden Freisetzung der Steroide aus solchen Konjugaten, so daß für die Hydrolyse der gesamten Steroid-konjugate im Harn die fraktionierte Hydrolyse [*42*], bestehend aus Bebrütung mit β-Glucuronidase und anschließender kontinuierlicher Extraktion bei niedrigem pH, allen Anforderungen gerecht wird. Ersetzt man die kontinuierliche Extraktion durch ein Solvolyseverfahren [*57–59*], so gelingt eine gleichermaßen befriedigende Spaltung der Steroid-sulfate. Bei Anwendung einer verdünnten Perchlorsäurelösung in organischem Lösungsmittel [*60*], wie etwa einer 0,01 N Perchlorsäurelösung in Äthylacetat, tritt innerhalb von 3 Std. bei 50 °C zusätzlich zur Hydrolyse der Steroid-sulfate eine solche von Steroid-glucuronosiden ein, die im Falle der 17-Ketosteroidglucuronoside überprüft und als quantitativ befunden wurde [*61*]. Ein derartiges Hydrolyseverfahren dürfte auf Grund seiner Wirksamkeit, seiner Einfachheit und kurzen Dauer als besonders brauchbar angesehen werden, vorausgesetzt, daß unter ähnlichen Versuchsbedingungen auch die Glucuronoside von C_{18}- und C_{21}-Steroiden vollständig hydrolysieren.

Auf die Freisetzung der Steroide aus ihren jeweiligen Konjugaten folgt die Extraktion mit organischen Lösungsmitteln. Wahl des Lösungsmittels, Volumen der organischen Phase und Zahl der notwendigen Extraktionen sind bekanntlich von dem Verteilungskoeffizienten des gesuchten Steroids abhängig [*62–65*]. Während z.B. für die Extraktion von 17-Ketosteroiden aus Harnhydrolysaten Äther oder Äthylendichlorid genügen, bedarf es zur Entfernung von Cortisol, Cortol oder 6β-Hydroxy-cortisol höher polarer Lösungsmittel wie etwa Chloroform oder Äthylacetat. Der Bildung von Emulsionen, die gelegentlich beim Ausschütteln der Hydrolysate mit Äther oder Benzol beobachtet wird, wirkt die Verwendung eiskalter Lösungsmittel, wie auch ein Zusatz von Kochsalz, Natriumsulfat oder „Bradosol" der CIBA S. A., Basel entgegen.

Die Reinigung der organischen Extrakte von begleitenden Fremdstoffen geschieht zumeist durch Waschen der organischen Phase mit 0,1–2,5 N wäßrigem Alkali, je nach Empfindlichkeit der zu bestimmenden Steroide, wodurch außer Säuren auch Phenole abgetrennt werden. Die phenolischen Steroide lassen sich aus diesen Alkaliextrakten nach bewährten Vorschriften gewinnen [66–68]. Ein Filtrieren der organischen Extrakte über festem Alkali hat sich gleichfalls als ausreichend erwiesen [69–71]. Hinsichtlich der Bildung unspezifischer Pigmente, wie sie im Verlaufe einer heißen Säurehydrolyse auftreten, erscheint erwähnenswert, daß diese durch vorherigen Zusatz von Formalin [72] oder Kupfersulfat [73] zumindest verringert werden kann. Genügt eine Reinigung der Extrakte gemäß obiger Empfehlungen bei der kolorimetrischen Bestimmung mancher Steroid-gruppen, wie z. B. der 17-Ketosteroide [74] oder Porter-Silber-chromogene [75], so erfordern andere Farbreaktionen, wie die Allen-reaktion [76] zusätzliche Schritte zur Ausschaltung noch vorhandener, unspezifischer Chromogene. Hierfür eignen sich neben den Methoden zur Abtrennung ketonischer Steroide als Girard-T-derivate [77–79] oder der 3β-Hydroxy-steroide als Digitonide [80, 81] vor allem die mannigfachen chromatographischen Verfahren [82–84], während die Gegenstromverteilung wohl der Reinigung und gleichzeitigen Auftrennung größerer Substanzmengen vorbehalten bleibt [64, 65, 85–87]. Im allgemeinen bevorzugt man bei Säulenchromatographie von steroidhaltigen Extrakten die Adsorptionschromatographie an Aluminiumoxyd [88–92], Kieselgel [93–95] oder Florisil [96–98] oder aber die Verteilungschromatographie [99, 100] an Säulen, deren stationäre Phase aus Trägermaterialien wie Kieselgel [101, 102], Cellulose [103, 104], Celite oder Kieselgur [105–109] und polaren organischen Lösungsmitteln, z.B. Äthylenglykol, Propylenglykol, Formamid oder Wasser besteht. Es dient die Säulenchromatographie hierbei nicht nur der Reinigung von Extrakten, sondern erwartungsgemäß auch der Abtrennung einzelner Steroide oder Steroid-gruppen, was der Isolierung geringer Steroid-konzentrationen aus viel Ausgangsmaterial entgegenkommt. Die Verwendung der Gradienten-Elution [110–115] erhöht die Trennwirkung der jeweiligen Säule.

Verglichen mit der Säulenchromatographie besitzt die Papierchromatographie [*82–84, 99, 100, 116–120*] insofern Vorteile, als sie bei weit besserer Trennwirkung weniger Aufwand und Zeit benötigt. Hingegen ist ihre Kapazität vergleichsweise deutlich begrenzt. Lösungsmittelsysteme für Papierchromatographie mit nichtwäßriger, stationärer Phase übertreffen hierin wiederum solche mit wäßriger, stationärer Phase. Bei relativer Unempfindlichkeit gegenüber mäßigen Temperaturschwankungen sind erstere jedoch durch ihre geringere Reproduzierbarkeit und längere Laufzeit unterlegen. Des weiteren enthalten Eluate solcher Papierchromatogramme trotz sorgfältiger Trocknung meist Spuren des Imprägnierungsmittels, was anschließende Farbreaktionen beeinträchtigen kann. Auch Glasfaserpapiere lassen sich zur Abtrennung von Steroiden verwenden [*121, 122*].

Neuerdings gewinnt die Dünnschichtchromatographie [*123* bis *129*] von Steroidgemischen auf Kieselgel oder Aluminiumoxyd an Bedeutung, mit deren Hilfe man innerhalb kürzester Zeit ausgezeichnete Trennergebnisse zu erzielen vermag, so daß ihr Einsatz für Routineuntersuchungen durchaus gerechtfertigt erscheint.

Die jüngste, und vielleicht vielversprechendste Trennmethode für Steroide ist die Gaschromatographie [*84, 130–140*]. Wenngleich eine direkte gaschromatographische Trennung der wichtigsten C_{21}-Steroide aus Harnextrakten infolge ihrer Instabilität noch mit Schwierigkeiten verbunden und routinemäßig nicht möglich ist [*141*], so gelingt z. B. eine qualitative und ausreichend quantitative Analyse der in Harnextrakten enthaltenen 17-Ketosteroide [*142*] und Oestrogene [*132, 133*]. Allerdings dürften die zur Zeit noch sehr kostspieligen Geräte für einen Einsatz im Routinelaboratorium bis auf weiteres nicht in Frage kommen.

Den letzten Schritt in der Analyse von Harnsteroiden bildet die Endpunktbestimmung. Biologische Teste, wie sie vor fast 40 Jahren zum ersten Nachweis androgen- und oestrogen-wirksamer Substanzen im Harn herangezogen wurden [*143, 144*], sind heute weitgehend durch chemische Nachweismethoden ersetzt. Farbreaktionen, wie die Pettenkofer- [*145*], die Zimmermann- [*146*] oder die Porter-Silber-reaktion [*75*] beruhen auf der Anwesenheit bestimmter funktioneller Gruppen im Steroid-molekül und besitzen daher eine gewisse Spezifität. Die Verwendung stark saurer Reagenzien bedingt eine ausreichende Reinheit des Endextraktes, da anwesende Pigmente bei manchen Farbreaktionen die quantitative, photometrische Auswertung zuweilen unmöglich machen. Die von Allen [*147*] eingeführte rechnerische Korrektur der maximalen Absorption eines spezifischen Chromogens trägt zur Eliminierung der unspezifischen Absorption bei. Unter den vielfältigen Endpunktbestimmungen finden sich auch solche, die in der strukturellen Umwandlung einzelner Steroid-gruppen begründet sind, wobei die entstehenden Reaktionsprodukte mittels einer bewährten Farbreaktion schließlich erfaßt werden. So können z. B. 17-Hydroxy-20,21-Ketole, 17,20-Diole und 17,20,21-Triole durch Behandlung mit Bismutat in saurer Lösung zu 17-Ketosteroiden abgebaut und als solche gemessen werden [148]. Daß bei der qualitativen und quantitativen Bestimmung von Steroiden physikochemische Untersuchungsmethoden [149], wie Ultraviolett- und Infrarotspektroskopie, Messung der optischen Aktivität, Aufnahme des optischen Rotationsspektrums und des magnetischen Kernresonanzspektrums, eine zuweilen unentbehrliche Rolle spielen, ist selbstverständlich. Die Anwendung radiochemischer Bestimmungsmethoden erstreckt sich vornehmlich auf solche Harnsteroide [150–152], deren ausreichende Erfassung durch übliche Farbreaktionen infolge der allzu geringen Konzentrationen nicht mehr gelingt. Immerhin stellt die Überführung von Steroiden in isotopenmarkierte Acetate mittels ^{14}C-Essigsäureanhydrid [153] ein beliebtes Hilfsmittel bei der Isolierung von Einzelverbindungen dar. Außerdem aber benutzt man isotopenmarkierte Steroide zur Feststellung der Verluste im Verlauf komplizierterer Analysenverfahren [115, 152, 154].

Die Brauchbarkeit einer jeden Bestimmungsmethode geht aus den Angaben über ihre Richtigkeit (accuracy = Abweichung des gefundenen Meßwertes vom wahren Wert), Genauigkeit (precision = Abweichung der Einzelwerte bei Mehrfachbestimmungen), Empfindlichkeit (sensitivity = kleinste, von Null unterscheidbare Konzentration) und Spezifität (specificity = Nachweis der Identität des bestimmten Materials) hervor. Soweit Hinweise über diese Zuverlässigkeitskriterien [155–157] für die im folgenden eingehender beschriebenen Bestimmungsmethoden vorhanden sind, wurden sie übernommen. Im übrigen erfolgte die Auswahl der einzelnen Analysenmethoden auf Grund ihrer Bewährung im klinisch-endokrinologischen Laboratorium als der letztlich entscheidenden Prüfung, deren Bestehen sich aus den ermittelten Normalkonzentrationen ergibt und im Vergleich mit anderen, gleichsinnigen Verfahren sichtbar wird.

C$_{18}$-Steroide

Obgleich im menschlichen Harn bislang 18 C$_{18}$-Steroide nachgewiesen werden konnten:

1,3,5-Oestratrien-3-ol-17-on (Oestron) [*158, 159*]
1,3,5-Oestratrien-3,17β-diol (Oestradiol) [*158, 160*]
1,3,5-Oestratrien-3-ol-16,17-dion (16-Keto-oestron [*161, 162*]
1,3,5-Oestratrien-2,3-diol-17-on (2-Hydroxy-oestron) [*163*]
1,3,5-Oestratrien-3,6β-diol-17-on (6-Hydroxy-oestron) [*164*]
1,3,5-Oestratrien-3,11β-diol-17-on (11β-Hydroxy-oestron) [*165*]
1,3,5-Oestratrien-3,16α-diol-17-on (16α-Hydroxy-oestron) [*166, 167*]
1,3,5-Oestratrien-3,16β-diol-17-on (16β-Hydroxy-oestron) [*168, 169*]
1,3,5-Oestratrien-3,18-diol-17-on (18-Hydroxy-oestron) [*170*]
2-Methoxy-1,3,5-oestratrien-3-ol-17-on (2-Methoxy-oestron) [*171, 172*]
1,3,5-Oestratrien-3,17β-diol-16-on (16-Keto-17β-oestradiol) [*173, 174*]
1,3,5-Oestratrien-3,11β,17β-triol (11β-Hydroxy-oestradiol) [*165*]
2-Methoxy-1,3,5-oestratrien-3,17β-diol (2-Methoxy-oestradiol) [*175*]
1,3,5-Oestratrien-3,16α,17β-triol (Oestriol) [*158, 176*]
1,3,5-Oestratrien-3,16β,17β-triol (16-epi-Oestriol) [*177, 178*]
1,3,5-Oestratrien-3,16α,17α-triol (17-epi-Oestriol) [*179, 180*]
1,3,5-Oestratrien-3,16β,17α-triol (16,17-epi-Oestriol) [*181*]
2-Methoxy-1,3,5-oestratrien-3,16α-17β-triol (2-Methoxy-Oestriol) [*175, 182*]

so beschränken sich die meisten Methoden zur chemischen Bestimmung der Oestrogene (als der wichtigsten C$_{18}$-Steroide) auf die drei erstgenannten Steroide, nämlich Oestron, Oestradiol und Oestriol, bzw. ein Gemisch dieser drei Verbindungen oder die Gesamtoestrogene in Harnextrakten.

Da die genannten Oestrogene im Harn praktisch ausschließlich in Form von Konjugaten vorliegen, wovon bisher lediglich Glucuronoside und Sulfate gefunden wurden, stellt die Hydrolyse dieser

Verbindungen den ersten Schritt zur Bestimmung der Oestrogene dar. Eine geringfügige Hydrolyse von Oestrogen-konjugaten kann bereits durch längeres Stehen des Harnes bei Zimmertemperatur eintreten, wobei es gleichzeitig auch zu einer Zunahme der meßbaren Konzentrationen von Oestron, Oestradiol und Oestriol kommen soll [183]. Im allgemeinen wird die Hydrolyse der gesamten Oestrogen-konjugate durch 30–120minütiges Erhitzen des Harns mit starker Mineralsäure durchgeführt. Daß unter derartigen Bedingungen eine partielle Zerstörung labiler Oestrogene eintritt [184], ist nicht verwunderlich. Die optimalen Reaktionsbedingungen für eine Säurehydrolyse wurden von BROWN und BLAIR [185] eingehend untersucht. Diese bestehen in dem Zusatz von 15–20 Vol konz. Salzsäure zu 100 Vol Harn und einem Kochen unter Rückfluß für 60–120 min. Anstelle der Säurehydrolyse läßt sich auch die enzymatische Hydrolyse verwenden. Bei Einsatz von 600 E β-Glucuronidase und 2500 E Sulfatase, z.B. in Form von Enzympräparaten aus Patella vulgata (oder Helix pomatia) [186], einer Bebrütungsdauer von 96 Std. bei 37 °C und einem pH von 4,7 gelingt der Nachweis höherer Oestrogen-konzentrationen, als sie etwa nach heißer Säurehydrolyse festzustellen sind. Demgegenüber gestatten β-Glucuronidasen, wie die aus Kälbermilz (Warner-Chillcott Comp., Morris Plains, NJ) nur die Spaltung der Oestrogen-glucuronoside [187–189]. Für eine vollständige enzymatische Zerlegung der Glucuronoside benötigt man etwa 300 bis 500 E β-Glucuronidase je ml Harn, während die Inkubationsdauer 5 Tage bei 37 °C und pH 4,7–5,0 betragen sollte. Sulfatasen bakterieller Herkunft (Mylase P) erfordern zur Zerlegung von Oestrogen-sulfaten ein pH von 6,0. Hier genügt die Zugabe von 2 mg Enzympräparat je ml Harn sowie eine 24stündige Bebrütung bei 37 °C, um die vollständige Hydrolyse der Sulfokonjugate zu erreichen [190]. Eine einfachere Spaltung letzterer Konjugate bietet die kontinuierliche Extraktion des Harnes bei einem pH unterhalb 1 [189, 191–193] oder aber die Solvolyse [58, 59], so daß für die Freisetzung der gesamten Oestrogene auch eine fraktionierte Hydrolyse brauchbar ist [161, 189, 194, 195]. Sie besteht dann aus der enzymatischen Spaltung der Glucuronoside und einer chemischen Hydrolyse der Sulfate in beliebiger Reihenfolge.

Die Extraktion der freigesetzten Oestrogene wird vorwiegend mit Äther durchgeführt, obgleich sich nach den Verteilungskoeffizienten der einzelnen Verbindungen auch andere organische Lösungsmittel eignen würden. Auf die Extraktion folgt die Abtrennung der phenolischen Steroide gemäß bewährter Vorschriften [66–68], bei der zugleich mit der Gewinnung der phenolischen

Fraktion eine weitgehende Entfernung von störenden Harnpigmenten erreicht wird, wie sie vor allem bei heißer Säurehydrolyse anfallen. Weitere Reinigungsverfahren beruhen in einem längeren Erhitzen der Harnextrakte in verdünnter alkalischer Lösung [*196*] oder etwa einer Adsorptionschromatographie der Oestrogene an Dowex-2 Ionenaustauscher [*109, 197*]. Da die quantitative Bestimmung von Oestrogenen in solchermaßen gereinigten Harnextrakten durch die Anwesenheit unspezifischer Fremdstoffe verhindert wird, ist eine zusätzliche Reinigung der Rohextrakte unumgänglich.

Die Gegenstromverteilung hat zwar bei der Isolierung einzelner Oestrogene aus Harn und ihrer Identifizierung eine wesentliche Rolle gespielt [*197–200*], doch ist sie für Routineuntersuchungen zu aufwendig. Hier finden sich daher chromatographische Verfahren, denen z. T. sogar eine Überführung der Oestrogene in geeignete Derivate, wie Methyläther [*68, 189*] oder im Falle des 16-epi-Oestriols in das entsprechende Acetonid [*201*] vorausgeht. Von den chromatographischen Methoden zur Reinigung von Extrakten bei gleichzeitiger Abtrennung einzelner Verbindungen sei zunächst die Adsorptionschromatographie genannt. Aluminiumoxyd [*68, 186, 196, 202, 203*], Silicagel [*187, 191, 204, 205*] und Florisil [*161*] haben sich als Adsorbentien vielfach bewährt. Die Vorteile der Adsorptionschromatographie liegen in der leichten Herstellung und Handhabung der Säulen bei einer verhältnismäßig großen Kapazität. Auf der anderen Seite aber ist die Standardisierung des Adsorbens schwierig, da der Feuchtigkeitsgehalt bekanntlich die adsorptiven Eigenschaften bestimmt, so daß die erzielten Ergebnisse von Säule zu Säule variieren können. Demgegenüber hängt der Trenneffekt bei Verteilungschromatographie z. B. an Celite [*109, 115, 206*] nicht vom Trägermaterial ab, sondern von Faktoren, wie Verteilungskoeffizient, Ausmaß der Säule und Volumen. Es entsprechen daher die Verteilungskurven einzelner Verbindungen in den entsprechenden Fraktionen weitgehend einer Gaußschen Verteilung, was auf die Einheitlichkeit des betreffenden Materials hindeutet. Allerdings benötigen Verteilungssäulen einen größeren apparativen Aufwand sowie mehr Zeit, da zahlreiche Fraktionen analysiert werden müssen, auf die sich die gesuchte Substanz verteilt. Auch die Papierchromatographie als Verteilungschromatographie hat in der Analytik der Harnoestrogene Eingang gefunden, jedoch vornehmlich bei der Isolierung von Einzelverbindungen [*189, 207–216*]. Ihre schnelle und zuverlässige Trennung selbst komplizierterer Oestrogengemische sowie die Konzentrierung der einzelnen Verbindungen in relativ kleinen Abschnitten des Papierchromatogramms stellen nicht zu übersehende Vorteile dar, wogegen die Kapazität zu gering ist, als daß Extrakte phenolischer Steroide aus Harn direkt einer Papierchromatographie unterworfen werden könnten. Größere Mengen an störenden Begleitstoffen rufen oft eine Schwanzbildung hervor und beeinträchtigen die Ausbildung diskreter Flecken. Zudem begegnet die quantitative Bestimmung von Oestrogenen in Papiereluaten gewissen Schwierigkeiten auf Grund der Anwesenheit von Fremdstoffen aus dem Papier.

Die neuerdings mehr und mehr aufkommende Dünnschichtchromatographie erlaubt gleichfalls eine rasche und ausreichende Trennung verschiedenster Oestrogene, wie sie in Harnextrakten enthalten sind [*125, 217, 218*], während die Gaschromatographie der Oestrogene in einem solchen Ausgangsmaterial zwar vielversprechende Möglichkeiten eröffnet, für die Routinebestimmung im klinischen Laboratorium aber noch zu kostspielig sein dürfte. Die überaus große Empfindlichkeit, die Schnelligkeit und die hervorragenden Trennwirkungen sollten gaschromatographische Trennmethoden [*131, 132, 137, 219, 220*] für die Erfassung geringer Oestrogen-konzentrationen im Normalharn besonders brauchbar erscheinen lassen, zumal eine quantitative Auswertung der erhaltenen Kurven erfolgen kann.

Wenn man von der Gaschromatographie der Oestrogene absieht, so beruht die quantitative Bestimmung der in den Endextrakten befindlichen Oestrogene auf der Anwendung geeigneter Farbreaktionen oder einer fluorometrischen Analyse. In der Reihe der vielfältigen Farbreaktionen steht die Kober-reaktion an erster Stelle. Zahlreiche Arbeiten befassen sich mit ihren optimalen Reaktionsbedingungen, wie etwa der Säurekonzentration in den einzelnen Schritten [*221–224*]. Die Spezifität der Kober-reaktion gilt als gesichert, doch ist die Farbbildung mit den verschiedenen Oestrogenen durchaus nicht einheitlich [*224, 225*]. So ist z. B. 16-Keto-oestron in der Kober-reaktion negativ. Des weiteren stören Verunreinigungen, wie sie in den Endextrakten stets vorhanden sind, und machen die Anwendung einer Korrektur nach Allen erforderlich [*226, 227*]. Sogar nach Extraktion der Kober-chromogene [*228*] mittels p-Nitro-phenol in Chloroform, Tetrabromäthan oder Tetrachloräthan wird eine Korrektur der maximalen Absorption gebildeter Chromogene empfohlen. Neben der Kober-reaktion verdienen weitere Farbreaktionen Erwähnung, wie etwa die Reaktion für Phenole nach Folin-Ciocalteau [*229–231*], die Davidreaktion [*161, 232*] für Oestriol mit Schwefelsäure/Arsensäure

[*232*], die Pontius-reaktion [*233*] mit Perchlorsäure/Salicylsäure oder die Barton-reaktion [*234*] mit Eisen-III-chlorid/Kalium-ferricyanid, welche auch als Farbtest auf Papierchromatogrammen anwendbar ist. Da die colorimetrische Bestimmung geringer Oestrogen-konzentrationen an der geringen Empfindlichkeit der bekannten Farbreaktionen scheitert – die Erfassungsgrenze von etwa 0,1 µg Oestrogen je Probe läßt sich durch Verwendung von Mikroküvetten und geringster Mengen an Reagenzien erreichen –, greift man in verschiedenen Bestimmungsmethoden zu der weitaus empfindlicheren fluorometrischen Analyse. Hierbei entsprechen die optimalen Versuchsbedingungen ungefähr dem ersten Schritt der Kober-reaktion, d.h. dem Erhitzen des Oestrogens mit starker Mineralsäure, in dessen Verlauf eine gelb-grüne Fluorescenz auftritt. Wahl der Säure, Konzentration und evtl. Zusätze sind Gegenstand mehrerer Veröffentlichungen [*235-242*].

Angesichts der Empfindlichkeit fluorometrischer Bestimmungsmethoden und der höheren Konzentrationen von Harnoestrogenen hat eine Analyse durch radiochemische Verfahren [*243*] nicht die Bedeutung erlangt wie etwa bei der Bestimmung der Oestrogene im Plasma. Die Anwendung isotopenmarkierter Oestrogene beschränkt sich auf die Überprüfung der Verluste, die im Verlauf komplizierterer Methoden zu beobachten sind, oder gilt der Feststellung der Identität isolierten Materials [*115*].

Die im folgenden ausführlicher dargelegten Methoden zur Bestimmung von Oestrogenen im Harn entsprechen weitgehend den Bedingungen, die in bezug auf Richtigkeit, Genauigkeit, Empfindlichkeit und Spezifität an analytische Verfahren zu stellen sind, und haben sich im klinisch-endokrinologischen Laboratorium durchaus bewährt.

Die Methode von JAYLE u.a. [*186*] zur Erfassung der Gesamtoestrogene im Harn stellt eine vereinfachte Modifikation der später gleichfalls erwähnten Vorschrift von BROWN [*68*] dar. Ihre hervorstechendsten Merkmale sind die enzymatische Hydrolyse des Harnes, die Überführung der Oestrogene in die Methyläther und ihre anschließende quantitative Bestimmung vermittels der Kober-reaktion. Das von ITTRICH [*203*] ausgearbeitete Verfahren zum quantitativen Nachweis der Gesamtoestrogene im Harn zeichnet sich durch seine Schnelligkeit aus. Fehlen hier doch Reinigungsschritte, wie Methylierung, alkalische Verseifung oder Chromatographie. Durch die fluorometrische Endpunktbestimmung gelingt die Erfassung von 0,001 µg Oestrogen, was bei der eingesetzten Harnmenge eine Grenzkonzentration von 0,33 µg/24 Std. bedeutet. Ob die Zuverlässigkeitskriterien dieser Methode für eine Bestimmung der Oestrogene in Nichtschwangerenharn ausreichen, bleibt abzuwarten. Die Bestimmung von Oestron, Oestradiol und Oestriol im Harn nach BROWN [68] bzw. nach BROWN u. a. [196] enthält sowohl die Methylierung der Oestrogene als auch eine Adsorptionschromatographie der Methyläther an Aluminiumoxyd, während zur Endpunktbestimmung die Koberreaktion herangezogen wird. Demgegenüber geschieht die Reinigung der oestrogenhaltigen Extrakte in der Methode von BAULD [109] durch die alkalische Verseifung, der sich eine Verteilungschromatographie an Celite anschließt. Die quantitative Bestimmung der einzelnen Oestrogene in den Endextrakten erfolgt auch hier durch Anwendung der Kober-reaktion, so daß wie bei der vorangehenden Methode nach BROWN die Empfindlichkeitsgrenze etwa bei 5 µg Oestrogen/24 Std. liegen dürfte; letztere kann jedoch durch Fluorometrie der nach ITTRICH gewonnenen Extrakte beträchtlich gesenkt werden [244]. Auch die Bestimmung von Oestron, Oestradiol und Oestriol im Harn nach PREEDY und AITKEN [115] bedient sich der Verteilungschromatographie zur Reinigung und Trennung der einzelnen Oestrogene. Durch Gradienten-Elution gelingt eine einwandfreie Auftrennung der wichtigsten Oestrogene, so daß die Spezifität der Methode gewährleistet ist. Der gewisse Nachteil einer Verteilung der einzelnen Oestrogene auf mehrere chromatographische Fraktionen wird durch die fluorometrische Endpunktbestimmung ausgeglichen, so daß die Empfindlichkeitsgrenze zwar über der von ITTRICH angegebenen, jedoch mit 1,5 µg Oestron, 1,8 µg Oestradiol und 3,0 µg Oestriol/ 24 Std. unter der Empfindlichkeitsgrenze der Methoden von BROWN oder BAULD liegt. Aus der ursprünglichen Methode nach BAULD wurde von GIVNER u. a. [245] durch die zusätzliche Abtrennung ketonischer Oestrogene als Girard-P-derivate sowie eine veränderte Verteilungschromatographie an Celite ein wertvolles Verfahren entwickelt, das neben der Bestimmung der drei klassischen Oestrogene: Oestron, Oestradiol und Oestriol auch die Erfassung weiterer Oestrogene, nämlich 2-Methoxy-oestron, 16α-Hydroxy-oestron und 16-epi-Oestriol erlaubt. Allerdings stehen hier noch Angaben über die Genauigkeit der Methode aus, die jedoch im übrigen als zuverlässig und brauchbar angesehen werden dürfte. Für die quantitative Analyse des Oestriols eignet sich die Methode von EBERLEIN u. a. [202], in deren Verlauf das gesuchte Steroid durch Verteilung und Adsorptionschromatographie abgetrennt und schließlich fluorometrisch nachgewiesen wird, so daß die Empfindlichkeit allen Anforderungen gerecht werden sollte. Eine Methode zur Bestimmung des mengenmäßig gleichfalls wichtigeren Harnoestrogens 16-epi-Oestriol ist vor kurzem von NOCKE und BREUER [246] beschrieben worden. Nach Säurehydrolyse und Extraktion erfolgt die Abtrennung des 16-epi-Oestriols in Form seines Acetonids, das dann adsorptionschromatographisch gereinigt bzw. abgetrennt und zuletzt mittels der Kober-reaktion bestimmt wird. Die Zuverlässigkeitskriterien entsprechen den an eine solche Methode zu stellenden Bedingungen und lassen das neue Verfahren für künftige Untersuchungen als geeignet erscheinen.

1. Bestimmung von Gesamtoestrogenen im Harn nach Jayle et al. [189]

Hydrolyse. Ein Zehntel des 24-Stunden-Harns, zumindest aber 100 ml – bei einem Harnvolumen unter 750 ml und normalem Kreatiningehalt füllt man auf dieses Volumen auf – wird mit Essigsäure auf pH 5,2 gebracht, mit 0,05 Vol 2 M Acetatpuffer von pH 5,2 sowie 700 E (FISHMAN) β-Glucuronidase und etwa 300 E (WHITEHEAD) Sulfatase aus Helix pomatia pro ml versetzt und 18–24 Std. bei 37 °C bebrütet.

Extraktion. Die Extraktion des Hydrolysats erfolgt in einer mit 150 ml Äther (pro narcosi) beschickten Säule (24 × 800 mm), auf der das in eine Kapillare auslaufende Vorratsgefäß sitzt. Die Tropfgeschwindigkeit der Kapillare soll einen Durchfluß von 100 ml Lösung innerhalb von 90 sec gestatten. Sobald das Hydrolysat sich am Boden der Säule abgesetzt hat, läßt man es ab und wiederholt die Extraktion noch sechsmal. Übersteigt 0,1 Vol des 24-Stunden-Harns 130 ml, so teilt man das Hydrolysat in zwei Hälften, die nacheinander an derselben Säule extrahiert werden.

Waschen und Gewinnung der phenolischen Fraktion. Der Ätherextrakt wird in der gleichen Säule durch zweimalige Extraktion mit je 75 ml 9% Natriumcarbonat gereinigt, bevor die Abtrennung der phenolischen Steroide vermittels einer dreimaligen Extraktion mit je 50 ml 1 N Natriumlauge durchgeführt wird.

Verseifung. Die vereinigten Alkaliextrakte werden im 400-ml-Rundkolben erwärmt, um Reste von Äther zu entfernen, und sodann 30 min unter Rückfluß gekocht. Man kühlt ab, extrahiert mit 100 ml Äther und neutralisiert mit konz. Schwefelsäure gegen Phenolrot. Nach Zugabe von 10 g Natriumbicarbonat wird die Lösung bei pH 8,2 mit 200 ml Äther ausgeschüttelt (oder in der Säule extrahiert, indem man 200 ml Äther vorlegt und die alkalische Lösung in Portionen von je 75 ml viermal durchlaufen läßt). Zum Waschen des Extraktes dienen jeweils 50 ml 0,05 N Schwefelsäure und Wasser. Im Anschluß an die Zugabe von 0,1 ml einer

4%-Lösung von Hydrochinon in abs. Äthanol dampft man zur Trockne ein und entfernt letzte Wasserspuren durch Erhitzen auf 100 °C im Vakuum. Genügt in den meisten Fällen eine derartige Reinigung für die nachfolgende Farbreaktion, so empfiehlt sich bei Anwesenheit größerer Mengen an Pigmenten die Reinigung der phenolischen Steroide durch Methylierung.

Methylierung. Die alkalische Lösung des vorangehenden Schrittes, entweder vor oder nach Verseifung, wird mit Bicarbonat versetzt, mit Äther extrahiert und zur vollständigen Trockne eingedampft. Man gibt zum Rückstand 50 ml 0,4 N Natronlauge und 0,9 g Borsäure, versetzt unter dem Abzug unter stetem Rühren mit 1 ml frisch destilliertem Dimethylsulfat und erwärmt im Wasserbad 30 min auf 37 °C. Zur vollständigen Methylierung wiederholt man diesen Vorgang unter Verwendung von 2 ml 5 N Natronlauge und 1 ml Dimethylsulfat, beschränkt die Dauer des Erwärmens jedoch auf 20 min. Der Zerstörung von Pigmenten dient die anschließende Zugabe von 10 ml 5 N Natronlauge und 2,5 ml Wasserstoffperoxyd (30%). Die wäßrige Lösung wird sodann zweimal mit je 50 ml frisch destilliertem Äther (bei Einsatz der Säule mit 120 ml Lösungsmittel) extrahiert. Die vereinigten Ätherextrakte wäscht man mit 50 ml 0,05 N Schwefelsäure und 50 ml Wasser, gibt 0,1 ml Hydrochinon-reagenz hinzu und dampft bei 45 °C zur Trockne ein. Letzte Spuren von Feuchtigkeit können durch Erwärmen auf 100 °C im Vakuum entfernt werden.

Farbreaktion. Der Trockenrückstand des in Schritt 4 oder 5 erhaltenen Extraktes wird sogleich mit abs. Äthanol in ein Meßkölbchen überführt und auf 5 ml aufgefüllt. Dann gibt man in zwei Hämolyseröhrchen jeweils 2 ml der äthanolischen Lösung, dampft unter Stickstoff zur Trockne ein, nimmt in 0,2 ml der 4%-Lösung von Hydrochinon in Äthanol auf und bringt die Proben erneut zur Trockne. Jetzt werden 0,6 ml 26 N Schwefelsäure in jedes Röhrchen pipettiert, diese mit Polyäthylenstopfen verschlossen und 20 min unter anfänglich wiederholtem Schütteln im siedenden Wasserbad erhitzt. Nach Abkühlen im Eisbad wird mit 1,4 ml einer 0,01%-Lösung von Natriumnitrat in 31,5% Schwefelsäure verdünnt, die Lösung erneut für 30 min im Eisbad gekühlt und schließlich bei 476, 516 und 556 µm photometriert. Die maximale Absorption bei 516 µm wird gemäß der Formel

$$\text{Abs.}_{516} \text{ korr.} = \text{Abs.}_{516} - \frac{\text{Abs.}_{476} + \text{Abs.}_{556}}{2}$$

korrigiert und der Gehalt an Gesamtoestrogenen aus dem Mittelwert der beiden Messungen und der korrigierten Absorption eines entsprechenden Oestrogen-standards, bestehend aus 5 Doppelbestimmungen von Konzentrationen zwischen 0 und 8 µg, berechnet.

Ergebnisse

Im Verlaufe von Wiederauffindungsversuchen mit 5–100 µg Oestron und Oestriol, die zu bereits hydrolysiertem Kinderharn zugesetzt worden waren, konnten bei Reinigung durch Verseifung 77–86% zugefügten Oestriols und 67–79% des Oestrons in den Endextrakten nachgewiesen werden, sofern die Konzentration zugegebenen Materials 30 µg/1000 ml überstieg. Bei 30 Bestimmungen von Harnproben, denen jeweils 100 µg Oestriol bzw. Oestron zugesetzt worden waren, betrug die Wiederauffindungsrate 83 ± 3% bzw. 73 ± 3%. Führte man anstelle der Verseifung eine Methylierung der Oestrogene durch, so blieb dies ohne Einfluß auf die erzielten Resultate. Lediglich bei Fortfall der genannten Reinigungsverfahren erhöhte sich die Ausbeute wiedergefundenen Oestrons auf etwa 80%. Ohne Anwendung der besagten Reinigungsverfahren wurde im Verlaufe von 134 Doppelbestimmungen eine Standardabweichung der Einzelwerte von 2%, bei Verseifung eine solche von 2,5% und bei Methylierung eine Standardabweichung von 4,5% beobachtet. Vergleiche der vorliegenden Methode mit der chromatographischen Bestimmungsmethode der Oestrogene nach BROWN zeigten unter Berücksichtigung unterschiedlicher Farbgebung und der erwähnten Verluste eine ausreichende Übereinstimmung in den ermittelten Konzentrationen. Unterhalb einer Konzentration von 20 µg Oestrogene/1000 ml ist die relative Spezifität der Methode nicht mehr gewährleistet.

Im Harn von 8 Mädchen zwischen 11 und 17 Jahren fanden sich 6–18 µg Oestrogene (Mittel: 14 µg/24 Std.), im Harn von fünf Frauen in der Menopause 11–18 µg (Mittel: 14 µg/24 Std.) und im Harn von 7 Männern 12–24 µg Oestrogene (Mittel: 17 µg/24 Std.). Auch hier entsprachen die gefundenen Konzentrationen, ebenso wie bei der Bestimmung der Oestrogene im Harn während eines Cyclus durchaus den Werten, die mittels der chromatographischen Methode von BROWN erhalten wurden.

2. Bestimmung von Gesamtoestrogenen im Harn nach Ittrich
[203]

Hydrolyse. Für jede Bestimmung werden zweimal je 5 ml des 24-Stunden-Harns, der bei einem Volumen unter 1500 ml mit Wasser auf ein solches aufzufüllen ist, mit 0,75 ml konz. Salzsäure in einem mit Schliffstopfen verschlossenen 20-ml-Röhrchen 1 Std.

im siedenden Wasserbad erhitzt. Das Hydrolysat wird in kaltem Wasser abgekühlt und mit 2 ml 10 N Natronlauge versetzt.

Extraktion. Das Hydrolysat schüttelt man im kleinen Scheidetrichter mit 5 ml Benzol-Petroläther (Kp 30–50 °C) (1:1 v/v) zwecks Entfernung der neutralen Steroide aus, läßt die wäßrige Phase in das ursprüngliche Hydrolyseröhrchen, wäscht die organische Phase im Scheidetrichter zweimal mit je 3 ml 1 N Natronlauge und vereinigt die alkalischen Auszüge.

Reinigung und Abtrennung der phenolischen Steroide. Die alkalische Lösung wird nun mit 1,1–1,3 ml konz. Salzsäure annähernd neutralisiert, mit 0,5 g Natriumbicarbonat auf pH 8 $\pm$ 0,5 gebracht (pH-Papier) und einmal mit 10 ml sowie zweimal mit je 5 ml Äther 3 min geschüttelt. Man vereinigt die ätherischen Auszüge, wäscht sie mit 4 ml Natriumcarbonatpuffer (etwa 88 ml 8%ige Natriumbicarbonatlösung werden mit etwa 12 ml ges. Natriumcarbonatlösung auf pH 10 [9,5–10,0] eingestellt und filtriert), 3 ml 8% Ammoniumsulfatlösung und zweimal je 2 ml Wasser und dampft den Ätherextrakt in einem mit 20 mg Hydrochinon beschickten 10-ml-Zentrifugenröhrchen mit Schliffstopfen vorsichtig zur Trockne ein, indem man das Röhrchen in ein siedendes Wasserbad taucht und den Ätherextrakt durch einen Trichter mit Kapillarauslauf einfließen läßt. Zum Nachspülen werden jeweils 5 ml Äther verwandt.

Fluorometrische Bestimmung. Der Rückstand des Harnextraktes, wie auch zwei Proben mit einer entsprechenden Konzentration an Oestriol bzw. Standard-oestrogengemisch, werden in 0,4 ml Wasser gelöst, mit 0,74 ml (bei graduierter Pipette: 0,77 ml) konz. Schwefelsäure versetzt und nach Verschließen 40 min im siedenden Wasserbad erhitzt, wobei man in den ersten Minuten einige Male vorsichtig schüttelt. Es folgt die wenigstens 3minütige Abkühlung der Proben in Eisbrei. Dann überschichtet man die Säurelösung mit 1,5 ml Wasser, kühlt 3 min im Eisbad, mischt durch Umschwenken, kühlt wiederum für 3 min im Eisbad und unterschichtet schließlich das Reaktionsgemisch mit 2 ml einer eiskalten Lösung von 2% p-Nitrophenol in Tetrabromäthan (2 g zweimal umkristallisiertes p-Nitrophenol werden im 100-ml-Meßkolben mit 1 ml abs. Äthanol versetzt, mit 60 ml Tetrabromäthan heiß gelöst und auf 100 ml aufgefüllt). Nach 3 min Kühlen wird 20 sec geschüttelt, 4 min bei 3000–4000 U/min zentrifugiert und die obere Phase sowie die Flocken der Trennschicht mit einer Pipette weitgehend abgesaugt. Die bis zur Messung kühl und dunkel aufbewahrten Proben werden im Photometer Eppendorf mit Fluorescenzzusatz unter Verwendung eines Primärfilters HG 546 und eines Sekundärfilters Schott 4 mm OG 2 fluorometrisch analysiert, indem man die Fluorescenz in 1-cm-Küvetten mit dem auf 100 Skalenteile eingestellten Feststandard vergleicht. Ist die Fluorescenz der unbekannten Probe größer als die des Feststandards, so verringert man die Empfindlichkeit des Fluorometers auf 1/10. Aus der Fluorescenz des Oestrogen- bzw. Oestriolstandards läßt sich die Konzentration an Oestrogenen in den beiden Proben ermitteln.

Anstelle der fluorometrischen Endpunktbestimmung kann auch eine photometrische Auswertung der extrahierten Kober-chromogene erfolgen, die für einen Konzentrationsbereich von 0,2–10 µg Oestrogene vorteilhaft erscheint. Hierzu mißt man die Absorption gegen einen entsprechenden Reagenzienleerwert in normalen Küvetten mit 1 cm Schichtdicke bei 510, 543 und 576 mµ und korrigiert die maximale Absorption gemäß der Formel

$$\text{Abs.}_{543}\,\text{korr.} = \text{Abs.}_{543} - \frac{\text{Abs.}_{510} + \text{Abs.}_{576}}{2}.$$

Verwendet man statt eines Spektralphotometers das Photometer Eppendorf, so wird die Extinktion unter Benutzung des Filters HG 546 und zwecks Hintergrundskorrektur mit den Filtern CD 509 bzw. HG 492 und HG 578 gemessen, so daß sich für die Korrektur der maximalen Absorption folgende Formel ergibt:

$$\text{Abs.}_{546}\,\text{korr.} = \text{Abs.}_{546} - 0{,}464 \times \text{Abs.}_{509} - 0{,}563 \times \text{Abs.}_{578}$$

oder

$$\text{Abs.}_{546}\,\text{korr.} = \text{Abs.}_{546} - 0{,}372 \times \text{Abs.}_{492} - 0{,}628 \times \text{Abs.}_{578}$$

Die korrigierte Absorption der beiden Standardlösungen ermöglicht die Feststellung der vorhandenen Oestrogen-konzentration durch Vergleich.

Ergebnisse

In jeweils 12 Wiederauffindungsversuchen mit 0,3–1,0 µg Oestron, Oestradiol und Oestriol, die vor Hydrolyse zugefügt wurden, ergab sich eine Wiederauffindungsrate von $73 \pm 3{,}3\%$ bei Oestron, $79 \pm 3{,}4\%$ bei Oestradiol und $81 \pm 3{,}4\%$ bei Oestriol. Im Verlaufe von 30 Doppelbestimmungen betrug die Standardabweichung der Einzelwerte nur $\pm 2{,}6\%$. Aus 100 Messungen von Blindwerten ergab sich eine untere Nachweisgrenze von 0,001 µg Oestron je 2 ml Farbextrakt bei 99,7% Sicherheit, was einer Konzentration von 0,33 µg Oestron je 24 Std. entspricht. Für die Spezifität der Methode spricht die als spezifisch bekannte Koberreaktion, die durch eine Extraktion der Chromogene verbessert wird. Außerdem aber führte ein Vergleich der vorliegenden Methode mit derjenigen von BROWN zu einer zufriedenstellenden Übereinstimmung der in Harnproben gefundenen Oestrogen-konzentrationen.

Die während des Cyclus beobachtete Oestrogenausscheidung, die zwischen etwa 18 und 130 μg/24 Std. schwankte, läßt sich mit den von BROWN mitgeteilten Werten vergleichen.

3. Bestimmung von Oestron, Oestradiol und Oestriol im Harn nach Brown [*68, 196*]

Hydrolyse. 200 ml Harn werden zum Sieden gebracht, mit 30 ml konz. Salzsäure versetzt und 60 min unter Rückfluß gekocht. Das Hydrolysat wird sogleich unter Leitungswasser abgekühlt.

Extraktion und Reinigung. Das Hydrolysat wird einmal mit 200 ml und zweimal mit je 100 ml Äther ausgeschüttelt und der gesamte Ätherextrakt sodann mit 80 ml Carbonatpuffer (150 ml 20% Natronlauge werden mit 8% Natriumbicarbonat auf 1000 ml aufgefüllt) von pH 10,5 und 20 ml 8% Natronlauge ausgezogen. Letztere Lösung wird mit 80 ml 8% Natriumbicarbonatlösung teilweise neutralisiert, bevor man sie mit dem Ätherextrakt ausschüttelt und die wäßrige Phase verwirft. Die Ätherschicht wird erneut mit 20 ml 8% Natriumbicarbonatlösung und 10 ml Wasser gewaschen und im Wasserbad gerade bis zur Trockne eingedampft.

Abtrennung der phenolischen Steroide und Methylierung. Zum Trockenrückstand gibt man sogleich 1 ml abs. Äthanol, läßt abkühlen und überführt die Lösung mittels 25 ml Benzol in einen mit 25 ml Petroläther (Kp. 40—60°) beschickten Scheidetrichter. Eine zweimalige Extraktion mit je 25 ml Wasser sorgt für die Entfernung von Oestriol, während Oestron und Oestradiol mit zweimal je 25 ml 1,6% Natronlauge extrahiert werden. Zur Oestriol-fraktion werden 2 g Natriumhydroxyd-plätzchen, zur Oestron/Oestradiol-fraktion lediglich 1,2 g hinzugefügt. Anschließend kocht man 30 min unter Rückfluß, kühlt ab und setzt 6 g Natriumbicarbonat hinzu. Nun wird die oestriolhaltige Fraktion mit 50 ml Äther extrahiert und der Ätherextrakt zweimal mit je 25 ml 1,6% Natronlauge. Zu der alkalischen Lösung werden 0,9 g Borsäure und unter den Abzug im Wasserbad von 37 °C 1 ml frisch destilliertes Dimethylsulfat hinzugegeben. Man schüttelt den 100-ml-Erlenmeyerkolben, bis sich alles gelöst hat, fügt nach 10—30 min bei 37 °C 2 ml 20% Natronlauge und 1 ml Dimethylsulfat hinzu und erwärmt das Reaktionsgemisch weitere 20 bis 30 min im Wasserbad von 37 °C oder läßt es übernacht bei Zimmertemperatur stehen. Die Natronlauge/Natriumbicarbonat-lösung der Oestron/Oestradiol-fraktion wird einmal mit 25 ml Benzol extrahiert. Letztere Lösung wird mit 5 ml Wasser gewaschen, mit 25 ml Petroläther verdünnt und dann zweimal mit je 25 ml 1,6% Natronlauge ausgeschüttelt. Nach Zugabe von 0,9 g Borsäure methyliert man wie für die Oestriol-fraktion angegeben.

Reinigung der Fraktionen. Zu jedem Erlenmeyer gibt man 10 ml 20% Natronlauge und 2,5 ml 30% Wasserstoffperoxyd, überführt die Lösungen in Scheidetrichter und extrahiert dann mit 25 ml Benzol bzw. 25 ml Petroläther, um die Methyläther von Oestriol bzw. Oestron und Oestradiol abzutrennen. Die Lösungsmittel werden gleichzeitig zum Waschen der Methylierungskolben benutzt. Benzol- und Petrolätherlösung werden zweimal mit je 5 ml Wasser gewaschen, wobei auf eine möglichst vollständige Abtrennung von Wasser zu achten ist.

Adsorptionschromatographie an Aluminiumoxyd. Die Standardisierung des eingesetzten Aluminiumoxyds (Savory and Moore, Ltd. London, mesh 100–150, Aktivität II–III) geschieht in folgender Weise: 100 g Aluminiumoxyd werden mit 9,5 ml Wasser unter ständigem Rühren gründlich vermischt. Man bereitet sich eine Säule aus 2 g des erkalteten Adsorbens in Petroläther, bringt 10 µg Oestron-methyläther in 25 ml mit Wasser gewaschenem Petroläther auf die Säule und eluiert mit 25% Benzol in Petroläther. Die 1 ml betragenden Fraktionen werden auf ihren Gehalt an Oestron-methyläther untersucht. Bei richtiger Aktivierung des Adsorbens soll Oestron-methyläther in den Fraktionen 16–20 enthalten sein. Ist die Aktivität zu hoch, gibt man Wasser hinzu, ist sie zu niedrig, muß aktiviertes Aluminiumoxyd hinzugefügt werden. Die Aktivität der Säule sollte bei jeder frischen Sendung von Aluminiumoxyd überprüft werden. Hierzu benutzt man wieder Säulen aus 2 g Aluminiumoxyd in Petroläther. Nach Auftragen einer Lösung von 10 µg Oestron-methyläther und 10 µg Oestradiol-methyläther in 25 ml mit Wasser gewaschenem Petroläther eluiert man zunächst mit 12 ml 25% Benzol in Petroläther und fraktioniert dann mit 40% Benzol in Petroläther. Die ersten 12 ml des zweiten Lösungsmittelgemisches sollten Oestron-methyläther enthalten, während Oestradiol-methyläther erst nach Elution von 30 ml des zweiten Lösungsmittelgemisches erscheint. Bei einer weiteren Chromatographie von Oestradiol-methyläther an einer gleichen Säule unter Verwendung von 12 ml 25% Benzol in Petroläther, 27 ml 40% Benzol in Petroläther und Benzol sollte Oestradiol-methyläther in den ersten 8–10 ml der Benzolfraktion zu finden sein. In ähnlicher Weise untersucht man die Elution von

Oestriol-methyläther. 10 µg letzterer Verbindung in 25 ml mit Wasser gewaschenem Benzol werden auf eine mit Benzol zubereitete Säule aus 2 g Aluminiumoxyd gebracht. Zur Elution findet eine Lösung von 1,4% Äthanol in Benzol Verwendung. In den Fraktionen 15–17 soll Oestriol-methyläther enthalten sein. Verwendet man zur Elution aber 12 ml 1,4% Äthanol in Benzol und anschließend 2,5% Äthanol in Benzol, so muß Oestriol-methyläther in den ersten 12 ml des letzten Lösungsmittelgemisches auftreten.

Die methylierte Oestriol-fraktion in Benzol wird auf die in Benzol hergestellte Säule (Durchmesser: 13 mm, mit Glasfritte Nr. 3, Tropfgeschwindigkeit: 1 Tropfen/2 sec) aufgebracht, wobei die Überführung von Wasser unbedingt zu vermeiden ist. Die Elution erfolgt mit 12 ml 1,4% Äthanol in Benzol und 15 ml 4% Äthanol in Benzol. Letztere Fraktion wird in einem Pyrex-reagenzglas zusammen mit 0,2 ml einer 2%-Lösung von Hydrochinon in abs. Äthanol und einem Siedestein im Wasserbad zur Trockne eingedampft. Zur Chromatographie der in Petroläther gelösten Oestron/Oestradiol-fraktion überführt man die Lösung auf eine mit Petroläther zubereitete Säule und eluiert der Reihe nach mit 12 ml 25% Benzol in Petroläther, 15 ml 40% Benzol in Petroläther, weiteren 12 ml 40% Benzol in Petroläther und 12 ml Benzol. Mittels des zweiten Eluats wird Oestron-methyläther, mit dem letzten aber Oestradiol-methyläther herausgelöst. Man sammelt die entsprechenden Fraktionen in Pyrex-reagenzgläsern und dampft sie wie die Oestriol-methyläther enthaltende Fraktion mit Hydrochinon und Siedestein zur Trockne ein.

Farbreaktion. Zu den Trockenrückständen der drei Fraktionen werden 3 ml Kober-reagenz hinzugegeben (für Oestriol: 20 g Hydrochinon in 1000 ml 76% [v/v] Schwefelsäure, für Oestron: 20 g Hydrochinon in 1000 ml 66% [v/v] Schwefelsäure und für Oestradiol: 20 g Hydrochinon in 1000 ml 60% [v/v] Schwefelsäure; jedes Kober-reagenz ist erst nach 24 Std. Stehens anzuwenden und in Dunkelheit praktisch unbegrenzt haltbar). Man erhitzt 20 min im siedenden Wasserbad, unter gelegentlichem Umschütteln während der ersten 6 min, kühlt im Wasserbad ab und verdünnt mit Wasser, indem man zur Oestriol-analyse 1 ml, zur Oestron-analyse 0,5 und zur Oestradiol-analyse 0,2 ml Wasser zusetzt. Nach kräftigem Schütteln wird nochmals 10 min im siedenden Wasserbad erhitzt, 10 min abgekühlt und die Absorption der Chromogene im Spektralphotometer gegen entsprechende Leerwerte gemessen: Oestriol-methyläther und Oestron-methyläther bei 480, 516 und 552 mµ, Oestradiol-methyläther bei 480,

518 und 556 mµ. Die maximale Absorption wird gemäß nachstehender Formeln korrigiert:

$$\text{Abs.}_{516} \text{ korr.} = 2 \times \text{Abs.}_{516} - \text{Abs.}_{480} - \text{Abs.}_{552}$$

und

$$\text{Abs.}_{518} \text{ korr.} = 2 \times \text{Abs.}_{518} - \text{Abs.}_{480} - \text{Abs.}_{556}$$

und der Gehalt der einzelnen Fraktionen an dem jeweiligen Oestrogen aus der korrigierten Absorption entsprechender Standardproben berechnet.

Ergebnisse

Setzte man einzelne Oestrogene in Mengen von 4–7, 25–35 und 36–60 µg zu säurehydrolysiertem 24-Stunden-Harn und führte vorgenannte Aufarbeitung durch, jedoch ohne die alkalische Verseifung der phenolischen Steroide, so fanden sich bei 10–12 Einzelbestimmungen jeweils $88 \pm 10{,}8\%$, $85 \pm 3{,}8\%$ und $83 \pm 3\%$ Oestriol, $87 \pm 11{,}7\%$, $84 \pm 5{,}2\%$ und $82 \pm 6{,}1\%$ Oestron und $80 \pm 5{,}5\%$, $91 \pm 7{,}0\%$ und $86 \pm 6{,}6\%$ Oestradiol (entsprechend dem Konzentrationsbereich) in den Endextrakten. Die Einbeziehung der alkalischen Verseifung brachte keine wesentliche Änderung der Wiederauffindungsrate. Nach Zugabe der einzelnen Oestrogene in Mengen äquivalent einer Konzentration von 30 µg/ 24 Std. erhielt man in zwei Versuchsreihen folgende Ergebnisse: von Oestron konnten $79 \pm 4{,}6$ und $81 \pm 4{,}5\%$, von Oestradiol $85 \pm 5{,}5$ und $92 \pm 5{,}1\%$ und von Oestriol $85 \pm 4{,}1$ und $87 \pm 7{,}2\%$ wiedergefunden werden. Die Zahl der Einzelbestimmungen betrug mit Ausnahme der zweiten Oestriol-serie, die 15 Analysen umfaßte, stets 11. 100 Doppelbestimmungen ohne Anwendung der alkalischen Verseifung phenolischer Steroide ließen in einem Konzentrationsbereich von 0–40 µg/24 Std. eine geringe Standardabweichung erkennen: 0,3 µg/24 Std. bei Oestron und Oestradiol und 0,4 µg/24 Std. bei Oestriol. In 95% aller Bestimmungen war der Unterschied der Einzelwerte geringer als 1,0 µg/24 Std., was Oestron und Oestradiol anbetrifft, und unter 1,5 µg/24 Std. hinsichtlich Oestriol. Bei Anwendung der alkalischen Verseifung zeigte es sich, daß in allen Konzentrationsbereichen die Werte für Oestriol signifikant höher lagen, die für Oestron hingegen signifikant niedriger waren, sobald die Konzentration 3,0 µg/24 Std. überstieg. Diese Beobachtung dürfte wahrscheinlich auf die zusätzliche Reinigung zurückzuführen sein, die durch eine alkalische Verseifung der Oestriol-fraktion geboten wird, während es gleichzeitig zu einem geringen Verlust von Oestron kommt. Eine ausreichende Spezifität der geschilderten Methode geht aus den typischen chromatographischen Eigenschaften der gemessenen Kober-chromogene hervor und wurde durch biologische Testmethoden einzelner Fraktionen bestätigt. Die Empfindlichkeit liegt bei etwa 5 µg Oestrogen/24 Std. Konzentrationen unter 5 µg/24 Std. besitzen keine quantitative Bedeutung mehr.

In normalem Männerharn findet man 0,8–11 µg Oestriol, 3–8,2 µg Oestron und 0–6,3 µg Oestradiol/24 Std., während die Konzentration der einzelnen Verbindungen in Frauenharn, je nach Cyclustag zwischen 6 und 27 µg Oestriol, 5 und 20 µg Oestron und 2 und 9 µg Oestradiol je 24 Std. schwankt.

4. Bestimmung von Oestron, Oestradiol und Oestriol im Harn nach Bauld [*109*]

Hydrolyse. Von dem mit Wasser auf 2500 ml aufgefüllten 24-Stunden-Harn werden zweimal je 500 ml im 1-l-Rundkolben zum Sieden gebracht, mit 75 ml konz. Salzsäure versetzt und 1 Std. unter Rückfluß gekocht.

Extraktion und erste Reinigung. Das erkaltete Hydrolysat wird einmal mit 150 ml und dreimal mit je 125 ml Äther extrahiert. Man wäscht die vereinigten Ätherauszüge mit 100 ml konz. Natriumcarbonatlösung (130 ml 5 N Natronlauge werden mit 1 M Natriumbicarbonatlösung auf 1000 ml aufgefüllt) von pH 10,5, schüttelt mit 25 ml 2 N Natronlauge im Scheidetrichter und verdünnt die abgesetzte alkalische Phase mit 100 ml 1 M Natriumbicarbonatlösung, bevor erneut geschüttelt und die wäßrige Phase dann verworfen wird. Es folgt eine zweimalige Extraktion der Ätherlösung mit 25 ml 1 M Natriumbicarbonatlösung und 12,5 ml Wasser. Schließlich wird die Ätherlösung zur Trockne eingedampft. (Bei Einsatz aliquoter Teile eines weniger als 1250 ml betragenden 24-Stunden-Harns genügt die Hälfte aller hier aufgeführten Reagenzien.)

Trennung der Oestrogene und Reinigung der Fraktionen. Der Rückstand der Ätherlösung wird in 1,5 ml Äthanol gelöst, mit 25 ml Benzol in einen Scheidetrichter überführt und zweimal mit je 25 ml sowie zweimal mit je 12,5 ml Wasser ausgezogen. Die wäßrige Phase, welche Oestriol enthält, wird sodann mit 7,5 ml 10 N Natronlauge 30 min unter Rückfluß gekocht und nach Erkalten mit 100 ml Äther extrahiert. Man bringt den pH-Wert der wäßrigen Lösung durch Einleiten von Kohlendioxyd auf 9,3–9,5 (in einem zweiten Scheidetrichter überprüft man die Neutralisierung, indem man eine Lösung von 7,5 ml 10 N Natronlauge und 75 ml Wasser mit Kohlendioxyd gegen Thymolphtalein neutralisiert), extrahiert viermal mit je 40 ml Äther und wäscht den gesamten Ätherextrakt mit 5 ml 1 M Natriumbicarbonat und zweimal je 5 ml Wasser, bevor zur Trockne eingedampft wird. Die oestron- und oestradiolhaltige Benzollösung wird gleichfalls im Vakuum zur Trockne gebracht.

Verteilungschromatographie an Celite. Die Säulen (1 × 10 cm) werden mit einem Gemisch von 1 ml 70% Methanol/g Celite 535 hergestellt (Celite 535, Johns Manville and Co., Ltd., Celite 535 wird 4 Std. auf 400 °C erhitzt, mit einem Überschuß an konz. Salzsäure verrührt und über Nacht stehengelassen. Man wäscht das Material mit Wasser, bis dieses frei ist von Chlorid- und Eisenionen und einen neutralen pH-Wert aufweist, trocknet 48 Std. bei 110 °C, kühlt in einem Vakuumexsikkator ab und bewahrt das Säulenmaterial in gut verschlossener Flasche auf). Ihre Arbeitstemperatur soll 18 ± 0,5 °C, die Durchflußgeschwindigkeit 10 bis 12 ml/Std. betragen. Man trägt den in 1 ml Dichloräthan (= mobile Phase; durch Filtrieren über einer Säule [2,5 × 30 cm] von Silicagel können bei einer Tropfgeschwindigkeit von 4—6 ml/min 1000 ml Dichloräthan gereinigt werden, bevor man destilliert) gelösten Rückstand der Oestriol-fraktion auf die Säule auf, wäscht zweimal mit je 1 ml Dichloräthan nach und beginnt nach Zugabe weiterer mobiler Phase mit dem Sammeln des Eluats. Während die ersten 14 ml verworfen werden, dampft man die nächsten 16 ml, welche das gesamte Oestriol enthalten, im Vakuum zur Trockne ein, nimmt den Rückstand in 3 ml Äthanol auf und bringt 2 ml davon zusammen mit 50 ± 5 mg Hydrochinon in einem geeigneten Röhrchen zur Trockne. Die Verdampfung des Lösungsmittels erfolgt unter einem Strom gefilterter Luft bei der Temperatur des siedenden Wasserbads.

Für die Chromatographie des oestron- und oestradiolhaltigen Trockenextraktes benutzt man eine Celite-säule (1 × 12 cm), die aus einer Suspension von 1 g Celite 535 in 0,8 ml 0,8 N Natronlauge besteht. Benzol dient als mobile Phase. Nach Aufbringen des Trockenextraktes auf die Säule mittels 3mal je 1 ml Benzol eluiert man mit dem gleichen Lösungsmittel, verwirft die ersten 10 ml und fängt sodann die nächsten 20 ml als Oestron-fraktion auf. Die folgenden 10 ml Eluat werden gleichfalls verworfen, bevor man mit einem Gemisch von Dichloräthan und Benzol (3:1 v/v) eluiert. In den ersten 50 ml befindet sich Oestradiol. Nach Eindampfen der entsprechenden Fraktionen wird der Rückstand der Oestron- und der Oestradiol-fraktion mit 10 ml 1 N Natronlauge 30 min unter Rückfluß gekocht, die Lösung mit 1 ml 12 N Schwefelsäure angesäuert und einmal mit 20 ml Benzol extrahiert. Zum

Waschen des Benzolextraktes werden 4 ml 0,5 M Natriumcarbonatlösung und zweimal je 4 ml Wasser verwandt. Die Lösung wird schließlich in geeigneten Röhrchen (23 × 150 mm) nach Zugabe von 50 ± 5 mg Hydrochinon bei 80–90 °C im Luftstrom zur Trockne gebracht.

Farbreaktion. In die Röhrchen, die Oestradiol und Oestriol enthalten, gibt man je 2,6 ml, in das mit Oestron 3,0 ml Koberreagenz (10 mg Natriumnitrat und 20 mg Chinon werden in 1000 ml 60% [v/v] Schwefelsäure [für Oestradiol] bzw. 66% [v/v] [für Oestron] und 76% [v/v] [für Oestriol] Schwefelsäure bis zu leichter Grünfärbung bei 50 °C erwärmt, mit 20 g Hydrochinon versetzt, bis zur vollständigen Lösung erwärmt und nach Abkühlen durch eine Fritte G-4 filtriert), erhitzt 20 min im siedenden Wasserbad unter mehrmaligem Schütteln und kühlt die Reaktionslösungen im Wasserbad von 15 °C ab. Es werden nun zu jedem Röhrchen erneut 50 ± 5 mg Hydrochinon hinzugegeben, bevor man mit Wasser verdünnt: 0,7 ml bei Oestradiol und Oestriol und 0,3 ml bei Oestron. Die Röhrchen werden gründlich geschüttelt und für 15 min im siedenden Wasserbad erhitzt, wobei durch mehrmaliges Schütteln die vollständige Lösung des Hydrochinons erreicht wird.

Nach Abkühlen mißt man die Absorption der Farblösung gegen den entsprechenden Leerwert bei 480, 512,5 und 545 mµ (Oestron und Oestriol) bzw. 480, 515 und 550 mµ (Oestradiol) und korrigiert die maximale Absorption anhand folgender Formeln:

$$\text{Abs.}_{512,5}\,\text{korr.} = \text{Abs.}_{512,5} - \frac{\text{Abs.}_{480} + \text{Abs.}_{545}}{2}$$

bzw.

$$\text{Abs.}_{515}\,\text{korr.} = \text{Abs.}_{515} - \frac{\text{Abs.}_{485} + \text{Abs.}_{550}}{2}.$$

Anhand der korrigierten Absorption geeigneter Standardkonzentrationen von Oestron, Oestrgdiol und Oestriol läßt sich der Gehalt der in den einzelnen Fraktionen enthaltenen Oestrogene ermitteln.

Ergebnisse

Von 5, 10 und 25 µg Oestron, Oestradiol und Oestriol, die zu hydrolysiertem Männerharn hinzugefügt worden waren, konnten in 12 Versuchen bei Oestron 90 ± 2,0, 91 ± 1,2 und 90 ± 1,5%, bei Oestradiol* 84 ± 2,0, 70 ± 1,8 und 88 ± 1,6% und bei Oestriol 81 ± 3,1, 87 ± 2,1 und 90 ± 1,7% wiedergefunden werden. Bei 18 Doppelbestimmungen im Konzentrationsbereich von 0–4 µg Oestrogenen/24 Std. betrug die Abweichung der Einzelwerte

---

* x = Bestimmung ohne alkalische Verseifung der Oestradiol-fraktion.

15 ± 2,8%, bei 36 Analysen im Bereich von 4–16 µg Oestrogenen/ 24 Std. 4 ± 0,9% und bei 12 Analysen im Bereich von 16–25 µg Oestrogenen/24 Std. 5 ± 0,7%. Die Absorptionskurven der einzelnen Oestrogen-fraktionen ließen im Bereich zwischen 480 und 550 mµ keine zusätzliche Absorption unspezifischer Chromogene erkennen, was für die Spezifität der Methode spricht. Außerdem konnten mit der Methode von BAULD Ergebnisse erzielt werden, die mit den Resultaten anderer Verfahren vergleichbar sind. Die untere Empfindlichkeitsgrenze liegt offenbar bei etwa 5 µg Oestrogen/24 Std. Bei der Bestimmung der einzelnen Oestrogene in Frauenharn fand man am 9. Cyclustag 27 µg Oestriol, 7,2 µg Oestron und 3,7 µg Oestradiol, während bei einer Frau zu Beginn der Menopause 3,2 µg Oestriol, 1,5 µg Oestron und 1 µg Oestradiol festgestellt wurden.

5. Bestimmung von Oestron, Oestradiol und Oestriol im Harn nach Preedy und Aitken [*115*]

Hydrolyse. Von dem mit 5 ml 50% Schwefelsäure konservierten 24-Stunden-Harn werden 12 Vol% entnommen, zum Sieden gebracht und mit 15 ml konz. Salzsäure je 85 ml Harn 45 min unter Rückfluß gekocht. (Statt dessen läßt sich auch eine enzymatische Hydrolyse durchführen.)

Extraktion. Nach Abkühlen wird das Hydrolysat viermal mit je 0,2 Vol Äther extrahiert. Ein Zusatz von 0,5 g Bradosol (Ciba, S. A., Basel) verhindert die unerwünschte Bildung von Emulsionen. Der gesamte Ätherextrakt wird zweimal mit je 1/15 Vol ges. Natriumbicarbonatlösung sowie einmal mit 1/30 Vol Wasser gewaschen und zur Trockne eingedampft.

Abtrennung der phenolischen Steroide. Man löst den Rückstand mittels einmal 10 und zweimal je 5 ml 1 N Natronlauge, überführt die Lösung in einen Scheidetrichter, wobei man gegebenenfalls bis auf 37 °C erwärmt, und extrahiert mit 20 ml Toluol sowie zweimal mit je 0,1 Vol n-Hexan. Der pH-Wert der wäßrig-alkalischen Lösung wird mittels 6 N Schwefelsäure auf 9 ± 0,5 gebracht. Dann extrahiert man viermal mit je 0,25 Vol Äther, dampft die vereinigten Auszüge zur Trockne ein und nimmt den Rückstand unter Erwärmen auf 37 °C in 1 ml Methanol auf, bevor man ihn. mittels zweimaligen Nachwaschens mit je 1 ml Methanol in ein Reagenzglas (12 × 100 mm) mit Schliffstopfen überführt, im Vakuum bei erhöhter Temperatur eindampft und im Exsikkator unter Stickstoff bei 0 °C aufbewahrt.

Verteilungschromatographie an Celite. Der Trockenextrakt wird in 0,4 ml der equilibrierten stationären Phase (72 Vol Methanol und 28 Vol Wasser werden mit mobiler Phase, bestehend aus 20 Vol Tetrachlorkohlenstoff und 80 Vol n-Hexan gesättigt) unter leichtem Erwärmen auf 37 °C gelöst. Nach 60 min bei Zimmertemperatur werden davon 0,05 ml auf die 10 cm hohe Säule aus Celite (250 g Celite 535 werden mit 500 ml konz. Salzsäure gründlich gemischt. Man dekantiert nach 24 Std., wäscht mit Wasser, bis die Waschflüssigkeit chloridfrei ist und wäscht dann mit dest. Wasser, Methanol und Chloroform und trocknet bei 110 °C) gebracht, indem man nach Entfernen überschüssiger mobiler Phase eine rund 3 mm hohe Schicht von trocknem Celite auf die Säule schüttet, den Harnextrakt hinzupipettiert und nach dem Einsickern eine weitere, 3 mm hohe Schicht aus trocknem Celite einfüllt. Anschließend wird mobile Phase auf die Säule gegeben. Bei einer Tropfgeschwindigkeit von 2–3 ml/Std. erfolgt die Elution der insgesamt 75 Einzelfraktionen von je 1 ml innerhalb von rund 36 Std. Der Wechsel der verschiedenen Lösungsmittelgemische geschieht mittels eines automatischen Phasenwechslers. An die Elution der Säule mit mobiler Phase I schließt sich die Elution mit mobiler Phase II an, die automatisch aus mobiler Phase I und mobiler Phase III (48 Vol Chloroform und 52 Vol n-Hexan) gewonnen wird und aus 15% Tetrachlorkohlenstoff, 11,2% Chloroform und 73,8% n-Hexan besteht bei einem Mischungsverhältnis der mobilen Phasen I und III von 3:1 v/v. Nach Elution der Säule mit mobiler Phase III werden sämtliche Einzelfraktionen im Exsikkator bei vermindertem Druck mittels Infrarotlampe zur Trockne gebracht.

Fluorometrische Bestimmung. Der Rückstand jeder Einzelfraktion wird in 0,1 ml Äthanol-Benzol (1:19 v/v) unter wiederholtem Schütteln und Erwärmen auf 37 °C für 3 min vollständig gelöst. Nach Zugabe von 0,2 ml 90% Schwefelsäure erhitzt man 10 min im siedenden Wasserbad, kühlt ab und verdünnt mit 1,4 ml 65% Schwefelsäure. Nach 1–2 Std. bei Zimmertemperatur wird die Fluoreszenz in einem geeigneten Fluorometer gemessen. Als Leerwert dient 0,1 ml Äthanol-Benzol (1:19 v/v), während als Standard 0,04 µg Oestron, 0,05 µg Oestradiol und 0,08 µg Oestriol Verwendung finden. Trockenrückstände von Leerwert, Standard und einem aus 0,5 mg Chininsulfat in 100 ml 1% Essigsäure bestehenden Fluoreszenzstandard werden gegebenenfalls der obigen Vorschrift entsprechend behandelt und der Fluorometrie unterworfen. Man trägt die Fluoreszenzintensität einer jeden Fraktion gegen die Fraktionsnummer auf und ermittelt die Oestrogen-konzentration in jeder Einzelfraktion aus ihrer Fluoreszenzintensität, die von der Grundlinie der Gaußschen Kurve aus abgelesen wird. Die Summe der Fluoreszenzintensität aller zur gleichen Elutionskurve gehörenden Fraktionen ergibt die Gesamtkonzentration des betreffenden Oestrogens.

Ergebnisse

Nach Zugabe verschiedener Konzentrationen an Oestron, Oestradiol und Oestriol zu Harn, wobei die Mengen 2–12, 13–30 und 31–50 µg Oestrogen/24 Std. entsprachen, wurden mittels der vorstehenden Methode 83 ± 13, 86 ± 7 und $83 \pm 3\%$ Oestron, 79 ± 12, 85 ± 9 und $78 \pm 6\%$ Oestradiol und 75 ± 14, 82 ± 6 und $88 \pm 5\%$ Oestriol zurückgewonnen. Die Zahl der Einzelbestimmungen bewegte sich zwischen 5 und 12. Doppelbestimmungen der einzelnen Oestrogene im Harn von 3 Männern und 4 Frauen zeigten eine ausreichende Übereinstimmung der Einzelwerte. Die Empfindlichkeitsgrenze der Methode liegt bei 1,5 µg Oestron, 1,8 µg Oestradiol und 3,0 µg Oestriol je 24 Std. Durch eine zweifache Chromatographie der einzelnen Verbindungen, etwa unter gleichzeitigem Einsatz tritiummarkierter Oestrogene, läßt sich die Empfindlichkeit u.U. steigern. Die Spezifität des Verfahrens geht aus den symmetrischen Verteilungskurven der einzelnen Verbindungen hervor, die anhand der fluorometrischen Bestimmung (und der Messung von Radioaktivität nach vorherigem Zusatz tritiummarkierter Oestrogene) abgeleitet werden können. Auch Biotestmethoden bestätigten die Spezifität. Die Konzentration der einzelnen Oestrogene im Harn gesunder Männer (22 bis 57 Jahre) bewegte sich bei 10 Analysen zwischen 1,4 und 7,9 µg Oestron und 0,5 und 5,4 µg Oestriol/24 Std. Im Harn gesunder Frauen fanden sich je nach Cyclustag 1,2–7,0 µg Oestron, $> 0,5$ bis 1,7 µg Oestradiol und 1,3–12,3 µg Oestriol/24 Std.

6. Bestimmung von 2-Methoxy-oestron, Oestron, Ring D-α-ketolischen Oestrogenen, Oestradiol, Oestriol und 16-epi-Oestriol im Harn nach Givner et al. [245]

Hydrolyse. Von dem auf 2500 ml verdünnten 24-Stunden-Harn werden 250 ml auf pH 6,5 gebracht, mit 20 IE β-Glucuronidase (Sigma Chem. Co)/ml Harn 48 Std. bei $37 \pm 0,5$ °C bebrütet, auf 5 °C anschließend abgekühlt und zweimal je 100 ml des Hydrolysats in Scheidetrichter überführt. Zur Hydrolyse von Schwangerenharn (späte Schwangerschaft) verwendet man nur 50 ml des 24-Stunden-Harns, stellt den pH-Wert mittels 0,1 N Essigsäure oder 0,1 N

Natronlauge auf 5,2 und hydrolysiert durch 24stündige Bebrütung mit Glusulase (500 Fishman-Einheiten β-Glucuronidase/ml Harn) bei 39 $\pm$ 0,5 °C. Das Hydrolysat wird auf 5 °C abgekühlt, bevor man zweimal je 20 ml in Scheidetrichter überführt, die mit jeweils 80 ml Wasser beschickt sind.

Extraktion. Jede Harnprobe wird viermal mit je 30 ml Äther extrahiert, der Gesamtextrakt mit 12 ml 1 M Natriumbicarbonatlösung sowie mehrmals mit je 3 ml Wasser bis zu neutraler Reaktion gegen pH-Papier gewaschen, über Natriumsulfat getrocknet und schließlich im siedenden Wasserbad zur Trockne eingedampft. Sodann legt man an jede Probe für 5 min bei Zimmertemperatur (21 $\pm$ 3 °C) ein Vakuum von etwa 1–25 mm, um leichtflüchtige Verunreinigungen zu entfernen, überführt den Rückstand dreimal mittels je 3 ml abs. Äthanol in einen 100-ml-Rundkolben, dampft im Vakuum zur Trockne ein und bewahrt den Kolben 48 Std. im Vakuumexsikkator über Calciumchlorid auf.

Abtrennung der ketonischen Steroide mittels Girard-reagenz P. Zu dem Rückstand gibt man 1,26 ml Äthanol, 0,126 g Girardreagenz P und 0,25 ml Essigsäure und läßt das Reaktionsgemisch 17 Std. bei Zimmertemperatur (21 $\pm$ 3 °C) stehen. Nach 1 Std. im Eisschrank bei 5 °C wird das Reaktionsgemisch mit 15 ml Eiswasser verdünnt, durch Zugabe von etwa 1,5 ml 2,5 N Natronlauge auf pH 6 gebracht und dreimal mit je 20 ml Äther ausgeschüttelt. Die vereinigten Ätherauszüge, welche die nichtketonische Fraktion enthalten, werden mit 5 ml Eiswasser gewaschen, die zu der ketonischen Fraktion (= wäßrige Phase) hinzuzufügen sind. Man wäscht den Ätherextrakt mit 2,5 ml 1 M Natriumbicarbonatlösung (Trennzeit der Phasen: 7 min), spült den oberen Teil des Scheidetrichters mit 5 ml Wasser ab, extrahiert nochmals mit 5 ml Wasser und benutzt weitere 20 ml Wasser zum letztmaligen Spülen des Scheidetrichters. Der pH-Wert des Wassers soll um 7 liegen. Die nichtketonische Fraktion wird sodann einer zweiten Umsetzung mit Girard-reagenz P unterworfen, um letzte Spuren evtl. noch vorhandener Ketosteroide zu entfernen. Hierzu dampft man den Ätherextrakt zur Trockne ein, kocht nach Zugabe der bereits erwähnten Mengen an notwendigen Reagenzien 30 min unter Rückfluß und Feuchtigkeitsausschluß im siedenden Wasserbad und verwirft nach Extraktion der nichtketonischen Fraktion mittels Äther die wäßrige Phase. Die ketonische Fraktion der ersten Girard-trennung wird mit rund 4,5 ml 7 N Schwefelsäure auf eine Säurekonzentration entsprechend einer Normalität von etwa 1,2 gebracht, nach 2 Std. bei Zimmertemperatur dreimal mit je 30 ml Äther extrahiert und der Gesamtauszug dann mit 4 ml 1 M Natriumbicarbonatlösung durch 300maliges Umdrehen des Scheidetrichters vorsichtig gewaschen. Es folgte ein Nachspülen des Scheidetrichters mit 5 ml Wasser, ein Ausschütteln mit 5 ml Wasser und schließlich wieder ein zweimaliges Abspülen der Wände mittels 20 bzw. 10 ml Wasser, dessen pH-Wert stets neutral sein sollte. Man trocknet den Ätherextrakt über Natriumsulfat und dampft zur Trockne ein.

Reinigung der nichtketonischen Fraktion. Der die nichtketonische Steroid-fraktion enthaltende Trockenrückstand wird auf der Heizplatte mit 82 ml 1 N Natronlauge 30 min unter Rückfluß gekocht. Nach Abkühlen bringt man den pH-Wert der in einen Scheidetrichter überführten Lösung auf 9,3–9,5 durch Einleiten von Kohlendioxyd (pH-Papier für pH 9–11), extrahiert viermal mit je 40 ml Äther und wäscht die vereinigten Ätherauszüge mit 7,6 ml 2 N Natronlauge. Die wäßrige Phase wird im Scheidetrichter belassen, mit 30,4 ml 1 M Natriumbicarbonatlösung teilweise neutralisiert und nach gründlichem Schütteln mit der Ätherphase abgelassen, wenn der pH-Wert 10 oder weniger beträgt. Sonst gibt man weitere Natriumbicarbonatlösung hinzu und wiederholt den Vorgang. Zuletzt wird die Ätherphase mit 7,6 ml 1 M Natriumbicarbonatlösung und 5 ml Wasser gewaschen und zur Trockne eingedampft.

Verteilungschromatographie. Für die Verteilungschromatographie der nichtketonischen Fraktion benutzt man als stationäre Phase Methanol-Wasser (70:30 v/v), als mobile Phase: 1. Benzol-Hexan (55:45 v/v) und 2. Benzol, für die Auftrennung der ketonischen Fraktion die gleiche stationäre Phase, als mobile Phase jedoch 1. Hexan-Benzol (98:2 v/v) und 2. Hexan-Benzol (50:50 v/v). Die entsprechenden Phasen werden miteinander equilibriert. Die Arbeitstemperatur der Säulen (1 × 15 cm) soll 18 ± 0,5 °C betragen. Zur Herstellung der Säulen werden 5 g trockenes Celite mit 5 ml stationärer Phase 3 min verrührt und sodann mit überschüssiger mobiler Phase zu einer einheitlichen Suspension vermischt. Dieses Gemisch gibt man in kleinen Portionen in die unten mittels eines Pfropfens (20 mg) aus gewaschener Asbestwolle (Asbestwolle der Firma Anachemia, Montreal, wird mit konz. Salzsäure und Wasser gewaschen, bis die Waschflüssigkeit chlorid- und eisenfrei ist, und 24 Std. bei 140 °C getrocknet) verschlossene Säule, deren unteres Ende in mobile Phase eintaucht, welche sich in einem Reagenzglas befindet. Die Säule wird bis zu einer Höhe von 10 oder 12 cm gepackt, so daß eine Durchflußgeschwindigkeit von 16–18 ml/Std. erreicht wird. Das Auftragen der Harnextrakte geschieht in folgender Weise: Man gibt 0,2–0,3 g Celite in ein

Reagenzglas (etwa 15 × 53 mm), preßt es mittels eines Stößels zu einem Kuchen, erhitzt auf 76 ± 4 °C in einem Spezialtrockenapparat und fügt den in 1 ml Methanol gelösten Trockenextrakt portionsweise auf den Celite-preßling, ohne jedoch die Glaswand zu benetzen. Dieser Vorgang wird zweimal wiederholt mit jeweils 0,5 ml Methanol, sobald die Oberfläche des Preßlings trocken erscheint. Dann zerbröckelt man den Preßling mittels eines Glasstabes und erwärmt das Pulver 5 min bei der angegebenen Temperatur. Der Inhalt des Röhrchens wird schließlich mit drei Portionen der mobilen Phase durch einen Trichter auf die Säule gegeben, die man dann mit 50–100 mg trocknem Celite überschichtet.

Die Elution bei Chromatographie der nichtketonischen Fraktion wird zunächst mit etwa 60 ml mobiler Phase I durchgeführt. Nach Verwerfen der ersten 10 ml sammelt man die nächsten 50 ml, welche Oestradiol enthalten, bevor mit der mobilen Phase II 16-epi-Oestriol und Oestriol mit 45 bzw. 107 ml herausgelöst werden. Zur Trennung der ketonischen Fraktion eluiert man zuerst mit 52 ml mobiler Phase I, von denen wiederum 10 ml verworfen werden. In den nächsten 42 ml befindet sich 2-Methoxy-oestron. Es schließt sich die Elution mit mobiler Phase II an, deren erste 40 ml Oestron, die nächsten 92 ml 16α-Hydroxy-oestron (oder 16-Keto-oestradiol) auswaschen.

Sämtliche Fraktionen werden im Vakuum und im siedenden Wasserbad zur Trockne gebracht.

Reinigung der einzelnen Fraktionen

Oestradiol. Die oestradiolhaltige Fraktion wird mit 10 ml 1 N Natronlauge 30 min unter Rückfluß gekocht, mit 1,1 ml 10 N Schwefelsäure angesäuert und mit 25 ml Benzol extrahiert. Man wäscht den Benzolauszug mit 4 ml 0,5 M Natriumcarbonatlösung und 4 ml Wasser, spült mit 4 ml Wasser nach, überführt die Benzollösung in ein mit 25 ± 5 mg Hydrochinon beschicktes Reagenzglas und dampft im siedenden Wasserbad und im Luftstrom zur Trockne ein.

2-Methoxy-oestron. Die Reinigung geschieht wie im Falle der Oestradiol-fraktion mit der einzigen Ausnahme, daß statt 0,5 M Natriumcarbonatlösung eine 1 M Natriumbicarbonatlösung benutzt wird.

Oestron. Man überführt die betreffende Fraktion in einen Scheidetrichter mit viermal je 40 ml Äther, schüttelt mit 7,6 ml 2 N Natronlauge, neutralisiert die alkalische Phase teilweise durch Zusatz von 30,4 ml 1 M Natriumbicarbonatlösung, schüttelt erneut und läßt die wäßrige Phase ab, wenn ihr pH-Wert,10 oder weniger beträgt. Sonst muß erneut Natriumbicarbonat hinzugefügt werden. Die Ätherschicht wird dann mit 7,6 ml 1 M Natriumbicarbonatlösung und 5 ml Wasser gewaschen, bevor man den Extrakt zur Trockne bringt.

Farbreaktion. Sofern die einzelnen Oestrogen-fraktionen nicht bereits in Reagenzgläsern enthalten sind, werden sie mittels Äthanol in solche überführt und mit je 25 ± 5 mg Hydrochinon im siedenden Wasserbad unter einem gereinigten Luftstrom zur Trockne eingedampft. Man gibt nun zu dem Rückstand der einzelnen Fraktionen das entsprechende Kober-reagenz: bei Oestradiol und 2-Methoxy-oestron je 3,3 ml (10 mg Natriumnitrat und 20 mg Chinon werden in 1000 ml 60% Schwefelsäure auf 50 °C bis zur leichten Grünfärbung erwärmt, mit 20 g Hydrochinon versetzt, bis zur vollständigen Lösung erwärmt und durch eine Fritte G-4 filtriert), bei Oestron 3,0 ml des entsprechenden, mit 66% (v/v) Schwefelsäure hergestellten Reagenzes und 2,6 ml eines mit 76% (v/v) Schwefelsäure zubereiteten Kober-reagenzes bei 16α-Hydroxy-oestron, Oestriol und 16-epi-Oestriol.

Man erhitzt 20 min im siedenden Wasserbad unter zweimaligem Schütteln nach 5 bzw. 10 min, kühlt im kalten Wasser ab und setzt 25 ± 5 mg Hydrochinon hinzu. Die Oestron, bzw. 16α-Hydroxy-oestron, Oestriol und 16-epi-Oestriol enthaltenden Proben werden mit 0,3 bzw. 0,7 ml Wasser verdünnt, bevor man sämtliche Röhrchen erneut für 15 min im siedenden Wasserbad erhitzt (nach 5 und 10 min wird umgeschüttelt), abgekühlt und die Absorption gegen entsprechende Leerwerte mißt: Oestron, 16α-Hydroxy-oestron, 16-epi-Oestriol und Oestriol bei 480, 512,5 und 545 mμ, Oestradiol bei 480, 515 und 550 mμ und 2-Methoxyoestron bei 512,5, 547,5 und 582,5 mμ. Die maximale Absorption wird durch Anwendung der Korrektur nach ALLEN modifiziert (S. 24) und der Gehalt der einzelnen Fraktionen an dem jeweiligen Oestrogen anhand der korrigierten Absorption geeigneter Standardlösungen ermittelt.

Ergebnisse

Bei der Zugabe von 4,6–9,8 μg einzelner Oestrogene zu Männerharn fanden sich im Verlaufe von jeweils 12 Bestimmungen durchschnittlich folgende Oestrogen-konzentrationen in den Endextrakten: Oestron: 90% (88–94%), Oestradiol: 66% (62–67%), Oestriol: 76% (74–81%), 2-Methoxy-oestron: 95% (92–97%), 16α-Hydroxy-oestron: 65% (57–71%) und 16-epi-Oestriol: 87% (83–92%). Durch Einsatz z.T. ^{14}C-markierter Oestrogene konnten diese Ergebnisse weitgehend bestätigt werden. Die Genauigkeit der Methode scheint nach den vorläufigen Ergebnissen ausreichend, wie sich aus Doppelbestimmungen erkennen ließ. Die Empfindlichkeit der Methode steht hinter solchen mit fluorometrischer Endpunktbestimmung zurück. Unter geeigneten Bedingungen können folgende Mengen an Reinsubstanz mit ausreichender Richtigkeit erfaßt werden:

Oestron: 0,3 µg, Oestradiol: 0,4 µg, Oestriol: 0,4 µg, 2-Methoxy-oestron: 0,7 µg, 16α-Hydroxy-oestron: 0,6 µg und 16-epi-Oestriol: 0,4 µg. Für eine Bestimmung dieser Oestrogene in Schwangerenharn (späte Schwangerschaft) genügen angesichts der genannten Empfindlichkeit der Kober-reaktion somit z. B. 20 ml Harn.

Was die Spezifität der Methode angeht, so wird diese durch die ausgiebige Reinigung und die Verteilungschromatographie wie auch durch die Kober-reaktion weitgehend gewährleistet. Die spektralen Eigenschaften einzelner Verbindungen aus Harnextrakten stimmen mit denen entsprechender Reinsubstanzen überein; ob es sich hierbei um Ultraviolett-, Fluorescenz- oder Koberchromogen-spektren handelt.

Auch die mit der vorliegenden Methode erzielten Ergebnisse bei Bestimmung einzelner Oestrogene im Harn sind mit den Werten vergleichbar, die durch Anwendung anderer Verfahren erhalten wurden.

7. Bestimmung von Oestriol im Harn nach Eberlein et al. [202]

Hydrolyse. 20 ml des 24-Stunden-Harns werden mit 2,0 ml 0,75 M Phosphatpuffer von pH 6,5, 500 IE β-Glucuronidase (Sigma Chem. Corp.) 16–18 Std. bei 37 °C bebrütet.

Extraktion und Reinigung. In einem kleinen Scheidetrichter wird das Hydrolysat zweimal mit je 15 ml Äther ausgeschüttelt und der Gesamtextrakt mit 5 ml Carbonatpuffer (130 ml 5 N Natronlauge werden mit 1 M Natriumbicarbonatlösung auf 1000 ml aufgefüllt), verdünnt mit 5 ml Wasser, einmal gewaschen. Man überführt den Ätherextrakt in eine Serumflasche, verdampft das Lösungsmittel im Luftstrom bei 45 °C und löst den Rückstand in 10 ml 1,0 N Natronlauge. Die Flasche wird mit einem Gummistopfen verschlossen, der von einer Injektionsnadel Nr. 22 durchbohrt ist, und dann 5 min im Drucktopf bei 5 atü erhitzt, indem man zunächst auf der Heizplatte einen Druck von 5 atü erreichen und dann 5 min bei Zimmertemperatur stehenläßt. Der Drucktopf wird unter Leitungswasser schnell abgekühlt, der Inhalt der Flasche in einen kleinen Scheidetrichter überführt und die Flasche mit 15 ml Äther nachgespült, die auch für die Extraktion der alkalischen Phase verwandt werden. Anschließend säuert man mit 1,0 ml konz. Salzsäure an, extrahiert zweimal mit je 15 ml Äther, wäscht die vereinigten Ätherauszüge mit 12 ml Carbonatpuffer und extrahiert dann die Ätherschicht mit 3 ml 2 N Natronlauge. Die sich absetzende wäßrige Phase wird im Scheidetrichter belassen und mit 12 ml 1 M Natriumbicarbonatlösung verdünnt, ehe man erneut schüttelt und die wäßrige Phase verwirft. Die Ätherschicht wird nochmals mit 1,5 ml Wasser gewaschen und im 100-ml-Kolben im Luftstrom bei 45 °C zur Trockne eingedampft.

Adsorptionschromatographie an Aluminiumoxyd. Eine 5-ml-Glasspritze mit einer Injektionsnadel Nr. 22 wird unten mit einem Pfropfen aus gewaschener Glaswolle verschlossen, mit 1,0 g Aluminiumoxyd (Harshaw Chem. Co., Wassergehalt 3,6–3,8%) gefüllt und mit einem zweiten Glaswollepfropfen abgedeckt. Während der Chromatographie führt man die Spritze von Reagenzglas (18 × 150 mm) zu Reagenzglas, um die einzelnen Fraktionen aufzufangen. Zunächst wird die Säule mit 10 ml 2% abs. Äthanol in Benzol gewaschen. Dann bringt man den Inhalt des Kolbens mittels fünfmal je 2 ml des gleichen Lösungsmittelgemisches auf die Säule, wäscht mit 5 ml 4% abs. Äthanol in Benzol und eluiert endlich das Oestriol mittels 15 ml 30% Äthanol in Benzol. Das Eluat wird bei 45–50 °C im Luftstrom zur Trockne eingedampft.

Fluorometrische Bestimmung. Den farblosen Trockenrückstand löst man in 0,3 ml abs. Äthanol und gibt zweimal je 0,1 ml davon in zwei Pyrex-reagenzgläser (18 × 150 mm). Eine der beiden Proben wird zur Trockne eingedampft, um im Falle einer zu intensiven Fluorescenz der Harnprobe eine zweite Bestimmung zu ermöglichen. Zu der anderen Probe wird 1 ml 90% Schwefelsäure hinzugefügt. Gleichzeitig bereitet man sich zwei Leerwerte, von denen der eine aus 0,1 ml Äthanol und 1,0 ml 90% Schwefelsäure besteht (= Säureleerwert), der andere aus dem Rückstand von 15 ml 30% Äthanol in Benzol, 0,1 ml Äthanol und 1,0 ml 90% Schwefelsäure (= Lösungsmittelleerwert), sowie zwei Standardproben mit zweimal je 0,2 und 0,4 µg Oestriol in 0,1 ml Äthanol und 1,0 ml 90% Schwefelsäure. Alle Reagenzgläser werden 5 min in ein siedendes Wasserbad getaucht und anschließend 5–10 min bei Zimmertemperatur stehengelassen, bevor man in jedes 2,0 ml 65% Schwefelsäure gibt. Die Fluorescenz wird im Farrand Fluorometer Modell A unter Verwendung der Filter Corning Nr. 3384, 4784 und 5113 als Primärfilter und eines Sekundärfilters Corning Nr. 3385 gemessen, wobei der Ausschlag von 0,2 µg Oestriol-standard 90–95 Skalenteile betragen soll. Übersteigt die Harnprobe diesen Wert, dient die Standardprobe von 0,4 µg Oestriol als Bezugswert, oder aber man verdünnt die obenerwähnte zweite Harnprobe von 0,1 ml in entsprechender Weise und unterwirft einen aliquoten Teil der

Fluorescenzmessung. Bei der Messung der Fluorescenz soll der Ausschlag des Säureleerwertes 12 Skalenteile, der des Lösungsmittelleerwertes 16 Skalenteile nicht übertreffen. Nach Abzug des entsprechenden Leerwertes läßt sich aus der Fluorescenzintensität der Harnprobe und des betreffenden Standards die Konzentration von Oestriol in dem aliquoten Teil des Säuleneluats feststellen.

Ergebnisse

Bei Zugabe von „Oestriol-glucuronosid" aus Harnextrakten (47,9% Oestriol-glucuronosid neben anderen Oestrogen-konjugaten) zu insgesamt 8 Harnproben konnten von 0,105 bzw. 0,202 µg Oestriol 87,6–113,5% in den Endextrakten nachgewiesen werden. Wandte man statt der enzymatischen Hydrolyse eine heiße Säurehydrolyse an, so verringerte sich die Ausbeute auf 48,5–98,5%. Zur Prüfung der Genauigkeit wurden 20 Doppelbestimmungen verschiedener Harnproben durchgeführt. Die Abweichung der Einzelwerte lag bei einem Konzentrationsbereich von 1,5–42,7 µg Oestriol/24 Std. zumeist unter 10%. Die Spezifität der Methode ergab sich aus 8 Untersuchungen, in deren Verlauf die Hälfte der Oestriol-fraktion nach Säulenchromatographie fluorometrisch analysiert, die andere Hälfte aber zunächst methyliert und dann erneut chromatographiert wurde, ehe man die quantitative fluorometrische Bestimmung durchführte. In den meisten Fällen fand sich eine ausreichende Übereinstimmung der Meßergebnisse.

Die während des Cyclus beobachtete Ausscheidung von Oestriol (8–42 µg/24 Std.) entspricht den von BROWN gefundenen Werten.

8. Bestimmung von 16-epi-Oestriol im Harn nach Nocke und Breuer [246]

Hydrolyse. Für die Bestimmung des 16-epi-Oestriols im Harn werden jeweils 3 Duplikatanalysen durchgeführt. Hierzu hydrolysiert man 400-ml-Aliquote (1/3 des 24-Stunden-Harns, der bei einem Volumen unterhalb 1200 ml soweit aufgefüllt wird) durch 60minütiges Erhitzen mit 60 ml konz. Salzsäure.

Extraktion und Reinigung. Die Extraktion der Oestrogene mittels Äther und die vorläufige Reinigung geschieht gemäß der Vorschrift von BROWN, mit dem einzigen Unterschied, daß die Volumina aller Extraktions- und Waschflüssigkeiten angesichts des größeren Harnvolumens zu verdoppeln sind.

Alkalische Verseifung der phenolischen Steroide. Der jeweilige Ätherrückstand wird in 1 ml Äthanol gelöst und mit 12,5 ml Benzol in einen Scheidetrichter überführt, der 12,5 ml Petroläther (Kp. 40 bis 70°) enthält. Man extrahiert die organische Phase viermal mit je 12,5 ml Wasser, um die Oestriol/16-epi-Oestriol-fraktion abzutrennen, sowie zweimal mit je 25 ml 0,4 N Natronlauge nach Verdünnung der organischen Phase mit 25 ml Benzol-Petroläther (1:1 v/v), wodurch Oestron und Oestradiol entfernt werden. Die vereinigten Wasserextrakte (= A) und die vereinigten alkalischen Auszüge (= B) werden mit 5 bzw. 3 ml 11 N Natronlauge versetzt, 30 min unter Rückfluß gekocht und sodann in Schütteltrichtern durch die aus einem gemeinsamen Verteilungsrohr gespeisten Glaskapillaren (1 mm Durchmesser) bis zu einer Einstellung auf pH 8,3 (A) bzw. 10,8 (B) mit Kohlendioxyd begast. Der Endpunkt der pH-Einstellung wird anhand von Reagenzienleerwerten in entsprechenden Scheidetrichtern unter Verwendung von 0,5 ml einer 1%-Lösung von Phenolphtalein (A) bzw. Nitramin (B) überprüft. Fraktion A wird zweimal mit je 25 ml Äther, Fraktion B zweimal mit je 25 ml Benzol extrahiert. Die vereinigten Ätherauszüge (A) wäscht man mit 5 ml Wasser und dampft zur Trockne ein, während der Benzolextrakt wie bei BROWN beschrieben aufgearbeitet werden kann.

Acetonierung und Trennung in cis- und trans-Glykol. Den Ätherrückstand der Fraktion A löst man in 10 ml einer frisch zubereiteten wasserfreien Lösung von 1% Salzsäure in Aceton (leicht herstellbar mittels einer besonderen Apparatur), schüttelt 30 min bei Zimmertemperatur und bringt den pH-Wert der Lösung mittels etwa 4 ml 1 N Natronlauge auf 8. Aceton wird sodann im Vakuum unter Stickstoff im Wasserbad von 30–40 °C abgedampft, der Rückstand mit 25 ml 0,4 N Natronlauge in einen Scheidetrichter überführt und dreimal mit je 25 ml Chloroform extrahiert, wobei der Acetonierungskolben sorgfältig zu spülen ist. Man wäscht die vereinigten Chloroformauszüge zweimal mit je 5 ml Wasser und dampft zur Trockne ein (Fraktion der cis-Glykole). Die Methylierung der in den alkalischen Auszügen befindlichen trans-Glykole erfolgt nach Zugabe von 25 ml 0,4 N Natronlauge mit Dimethyl-sulfat oder aber nach Einstellung des pH-Wertes der Lösung auf 8,3 durch Einleiten von Kohlendioxyd, Ätherextraktion und Reaktion mit Methyljodid.

Adsorptionschromatographie an Aluminiumoxyd. Den Chloroformrückstand bringt man mittels 6 ml Benzol quantitativ auf eine Säule (10 mm Durchmesser) von 2 g Aluminiumoxyd. (Aluminiumoxyd, Aktivität II–III wird durch Zusatz von 8–9% [v/w] Wasser deaktiviert und nach BROWN standardisiert. Für die Elution von 16-epi-Oestriol kann auch aktiveres Aluminiumoxyd benutzt werden, das man durch 14tägiges Aufbewahren bei Zimmertemperatur in wasserdampfgesättigter Atmosphäre deaktiviert.) Dann wird mit 12 ml 0,8% Äthanol in Benzol eluiert und schließlich mit 28 ml 3% Äthanol in Benzol. Letztere Fraktion wird mit 0,2 ml 2% Hydrochinon in Äthanol sowie 2 Siedesteinchen (Beauxilite, Größe 16, Universal Grinding Wheel Co. Ltd., Stafford, mit Äthanol gewaschen) zur Trockne eingedampft.

Farbreaktion. Der Trockenrückstand wird mit 2,4 ml Koberreagenz (2 g Hydrochinon puriss., Merck, Darmstadt werden in 100 ml 66% [v/v] Schwefelsäure gelöst) 20 min im siedenden Wasserbad erhitzt, wobei man nach 2 und 5 min schüttelt, dann 5 min im Eisbad abgekühlt und mit Wasser auf 3,2 ml aufgefüllt. Man erhitzt erneut für 5 min im siedenden Wasserbad und mißt die Absorption des Chromogens bei 472, 514 und 556 mμ gegen den entsprechenden Leerwert. Nach Anwendung der folgenden Korrekturformel

$$\text{Abs.}_{514} \text{ korr.} = 2 \times \text{Abs.}_{514} - \text{Abs.}_{472} - \text{Abs.}_{556}$$

ermittelt man die Konzentration an 16-epi-Oestriol in der Harnprobe anhand der korrigierten Absorption geeigneter Standardproben.

Ergebnisse

Wurden 5 μg 16-epi-Oestriol Harnproben vor der Hydrolyse oder vor Acetonierung zugesetzt, so ließen sich in ersterem Falle bei 4 Doppelbestimmungen 63 ± 5%, im zweiten bei 8 Doppelbestimmungen 64 ± 4% zugesetzten Materials wiederfinden. Die Wiederauffindungsrate von Oestriol lag dagegen bei 73 ± 6 bzw. 75 ± 5% ($n = 4$). Aus 22 Doppelbestimmungen im Konzentrationsbereich von 0,5–3,1 μg 16-epi-Oestriol/24 Std. ergab sich eine Standard-Abweichung, die 0,24 μg/24 Std. entsprach. Die kleinste Menge 16-epi-Oestriol, die mit einer Genauigkeit von ±25% ($P = 0,01$) noch erfaßt werden kann, beträgt bei einer Einzelbestimmung 2,5 μg/24 Std. und 1,7 μg/24 Std. bei einer Doppelbestimmung. Die Empfindlichkeit der Methode liegt bei 0,62 μg/ 24 Std., wenn eine Einzelbestimmung durchgeführt wird, und bei 0,44 μg/24 Std. im Falle einer Doppelbestimmung. Wendet man eine Dreifach- oder Vierfachbestimmung an, so läßt sich die Empfindlichkeit auf 0,36 bzw. 0,31 μg/24 Std. steigern. In letzterem Falle können also 1,2 μg/24 Std. mit einem maximalen Fehler von ±25% gemessen werden. Die Spezifität der vorliegenden Methode wurde durch die Identifizierung von 16-epi-Oestriol in entsprechend gewonnenen Harnextrakten dargelegt, in deren

Verlauf papierchromatographische Eigenschaften, Schmelzpunkt und Absorptionsspektrum in Schwefelsäure-Wasser als Kriterien dienten.

Während des Cyclus schwankte die Ausscheidung von 16-epi-Oestriol bei einer 25jährigen Frau zwischen 0,5 und 3,1 µg/24 Std., in der Menopause bei 3 Frauen (55–58 Jahre) zwischen 0,8 und 2,0 µg/24 Std. Im Harn 5 gesunder Männer (35–45 Jahre) fand man dagegen Konzentrationen unter 0,5 µg/24 Std.

C_{19}-Steroide

Im menschlichen Harn konnten bisher folgende C_{19}-Steroide nachgewiesen werden:

16-Androsten-3α-ol [247]
1-Androsten-3,17-dion [248]
4-Androsten-3,17-dion (Androstendion) [249]
4-Androsten-11β-ol-3,17-dion [250]
4-Androsten-17β-ol-3-on (Testosteron) [251]
5-Androsten-3β-ol-17-on (Dehydroepiandrosteron) [252]
5-Androsten-3β,17β-diol [253]
5-Androsten-3β-ol-7,17-dion [254]
5-Androsten-3β,7α-diol-17-on [255]
5-Androsten-3β,16α-diol-17-on [256]
5-Androsten-3β,16α,17β-triol [257]
5-Androsten-3β,16β,17β-triol [256]
5-Androsten-3β,16α-diol-7,17-dion [258]
5-Androsten-3β,7α,16α-triol-17-on [258]
Androstan-3,17-dion [248]
Androstan-3α-ol-17-on (Androsteron) [259]
Androstan-3β-ol-17-on (epi-Androsteron) [260]
Androstan-3α,17β-diol [261]
Androstan-3α-ol-11,17-dion (11-Keto-androsteron) [262]
Androstan-3α,11β-diol-17-on (11-Hydroxy-androsteron) [263, 264]
Androstan-3β,11β-diol-17-on (11-Hydroxy-epiandrosteron) [265]
Androstan-3α,18-diol-17-on [266]
Androstan-3α,16α,17β-triol [261]
Aetiocholan-3,17-dion [248]
Aetiocholan-3α-ol-17-on (Aetiocholanolon) [267]
Aetiocholan-3β-ol-17-on
(3β-Hydroxy-aetiocholanolon, epi-Aetiocholanolon) [268]
Aetiocholan-3α,17β-diol [269]
Aetiocholan-3β,17β-diol [270]
Aetiocholan-3,11,17-trion [254]

Aetiocholan-3α-ol-11,17-dion (11-Keto-aetiocholanolon) [*263*]
Aetiocholan-3β-ol-11,17-dion [*254*]
Aetiocholan-11β-ol-3,17-dion [*254*]
Aetiocholan-3α,11β-diol-17-on
(11-Hydroxy-aetiocholanolon) [*12*]
Aetiocholan-3α,18-diol-17-on [*266*]
Aetiocholan-3α,16α,17β-triol [*261*]

Die aufgeführten Verbindungen kommen im Harn fast ausschließlich in konjugierter Form vor, so daß sie erst nach hydrolytischer Spaltung als freie Steroide extrahierbar sind. Innerhalb der C_{19}-Steroide stellen die leicht erfaßbaren 17-Ketosteroide die wohl am besten untersuchte Fraktion dar. 90 % der 17-Ketosteroide setzen sich aus folgenden Verbindungen zusammen: Dehydroepiandrosteron, Androsteron, Aetiocholanolon, 11β-Hydroxyandrosteron, 11-Keto-androsteron, 11β-Hydroxy-aetiocholanolon und 11-Keto-aetiocholanolon. Was die Konjugation der C_{19}-Steroide im Harn anbetrifft [*25, 42*], so ließen sich verschiedene Verbindungen, wie Dehydroepiandrosteron [*271*] und Androsteron [*10*], als Schwefelsäureester isolieren oder erwiesen sich als leicht spaltbare Konjugate, während weitere als Glucuronoside gefaßt oder vermittels Bebrütung mit β-Glucuronidase in Freiheit gesetzt wurden, wie z.B. Androsteron und Aetiocholanolon [*15*].

Die Extraktion der C_{19}-steroid-sulfate und -glucuronoside gelingt durch Sättigen des Harns mit Ammoniumsulfat (50% w/v) und Extraktion mit Äthanol-Äther (1:3 v/v) [*31*] oder Äthylacetat, gegebenenfalls bei pH 4 [*61*]. Auch Butanol eignet sich als Extraktionsmittel für Steroid-konjugate [*32*]. Eine Gruppentrennung der verschiedenen Konjugate, d.h. von Steroid-sulfaten und Steroidglucuronosiden wird vorzugsweise an Aluminiumoxyd durchgeführt [*32, 272*], während für die Auftrennung der Fraktionen in einzelne Steroid-konjugate die Chromatographie an Kieselsäure[*31*], vor allem aber die Papierchromatographie [*25, 36, 37, 116, 273*] oder Papierelektrophorese [*275–277*] brauchbar erscheinen. Anhand der genannten Untersuchungsmethoden konnte z.B. festgestellt werden, daß das mengenmäßige Verhältnis: 17-Ketosteroid-sulfate/ 17-Ketosteroid-glucuronoside im Normalharn rund 1/5 beträgt, wobei in der Sulfat-fraktion vornehmlich Dehydroepiandrosteron neben wenig Androsteron, in der Glucuronosid-fraktion Aetiocholanolon und 11-oxygenierte 17-Ketosteroide aufgefunden wurden [*278–282*].

Zur Hydrolyse der gesamten 17-Ketosteroid-konjugate bzw. sämtlicher Steroid-konjugate im Harn benutzte man bisher zumeist die heiße Säurehydrolyse [*283–285*], die zwar eine quantitative Spaltung der Esterbindung in Steroid-sulfaten wie auch der glykosidischen Bindung zwischen Steroid und Glucuronsäure herbeiführt, aber gleichzeitig die Bildung von Artefakten begünstigt [*42*]. So gehen z. B. unter derartig drastischen Bedingungen 11β-Hydroxy-androsteron und 11β-Hydroxy-aetiocholanolon teilweise in die entsprechenden $\triangle^{9(11)}$-Verbindungen über, während aus Dehydroepiandrosteron ein $\triangle^{3,5}$-Dien oder bei Verwendung von Salzsäure das 3β-Chlor-dehydroepiandrosteron entstehen kann.

Mag sich auch der Gesamtgehalt nachweisbarer 17-Ketosteroide hierdurch nur unwesentlich ändern – der Beitrag der einzelnen 17-Ketosteroide zur Farbbildung bei der Zimmermannreaktion ist keineswegs einheitlich –, so bevorzugt man neuerdings mildere Hydrolyse-verfahren. Zu diesen ist z. B. die kontinuierliche Extraktion bei niedrigem pH zu zählen, die bei 24–48stündiger Anwendung von Äther und pH 1,0 eine schonende Spaltung der Steroid-sulfate gewährleistet [*12, 113*]. Statt dessen genügt auch ein gelegentliches Umschütteln des mit 50% Schwefelsäure auf eine 2 N Säurelösung gebrachten Harns mit 1 Vol Äther bei 120 Std. Einwirkungsdauer [*58*]. Des weiteren führt die Solvolyse von Butanol-extrakten mit Dioxan/Trichloressigsäure [*57*] oder von Äthylacetat-extrakten [*58*], die bei pH-1 und 20% Salzkonzentration gewonnen werden, zu einer quantitativen Spaltung der Steroid-sulfate. Steroid-glucuronoside werden unter solchen Reaktionsbedingungen nicht angegriffen. Ihre Hydrolyse gelingt durch Bebrütung von Harn oder Harnextrakten mit β-Glucuronidase [*48, 113, 278*], wie z. B. einer 5tägigen Bebrütung bei 37 °C und pH 4,5 mit 200 E β-Glucuronidase (Ketodase) je ml Harn [*286*]. Eine „fraktionierte Hydrolyse" durch enzymatische Spaltung der Glucuronoside, gefolgt von der chemischen Zerlegung vorhandener Steroid-sulfate sollte daher allen Anforderungen entsprechen [*42, 287*]. Daß unter den milden Bedingungen einer Solvolyse auch die Spaltung von 17-Ketosteroid-glucuronosiden möglich ist, konnte kürzlich gezeigt werden [*60, 61*]. Ein solches Verfahren ist auf Grund der schonenden, schnellen und zuverlässigen Spaltung sämtlicher 17-Ketosteroid-konjugate den bisherigen Hydrolysemethoden überlegen.

Außer bei kontinuierlicher Extraktion oder Solvolyse geschieht die Extraktion der freigesetzten Steroide durch Ausschütteln des Hydrolysats mit organischen Lösungsmitteln, wie Äther, Benzol [*288*] oder Dichloräthan [*69*]. Es folgt die Reinigung der Extrakte durch Waschen mit verdünntem oder festem Alkali und Wasser.

Sollen lediglich die gesamten 17-Ketosteroide mittels der Zimmermann-reaktion [*146*] quantitativ bestimmt werden, so reicht eine derartige Reinigung schon aus, um reproduzierbare Ergebnisse zu erzielen. Insbesondere, wenn die Bildung störender Harnpigmente, wie man sie im Verlauf einer heißen Säurehydrolyse oft beobachtet, durch vorherige Zugabe von Formalin [*72*] oder Kupfersulfatlösung [*73*] weitgehend eingeschränkt wird. Für Farbreaktionen wie die Pettenkofer-reaktion [*288, 289*] und die Allen-reaktion [*76*] auf Dehydroepiandrosteron ist eine zusätzliche Reinigung erforderlich. Hier scheint die Abtrennung ketonischer Steroide als Girard-T-derivate [*77–79*] bereits eine wesentliche Säuberung darzustellen [*289, 290*]. Auch die Überführung von 3β-Hydroxy-steroiden in die Digitonide [*80, 81*] bringt eine Reinigung gesuchter Steroid-fraktionen mit sich, die in Routinemethoden jedoch nur selten zu finden ist [*291*].

Die Chromatographie hingegen bietet mannigfaltige Möglichkeiten zur Entfernung der in Harnextrakten auftretenden Fremdstoffe bei gleichzeitiger Auftrennung darin enthaltener Gemische von C_{19}-Steroiden. Größere Bedeutung hat hier die Adsorptionschromatographie an Aluminiumoxyd erlangt, wie ihr Einsatz bei der Bestimmung individueller 17-Ketosteroide im Harn erkennen läßt [*110, 113, 288, 291, 292*]. Auch Silicagel, evtl. im Gemisch mit Aluminiumoxyd, findet Verwendung [*258, 286, 293, 294*]. Die Trennwirkung solcher Säulen wird durch Gradienten-elution wesentlich verbessert, doch ist die Standardisierung des Adsorbens stets ein Problem. Bei der Verteilungschromatographie entfallen bekanntlich derartige Maßnahmen, doch ist ihre Anwendung zur Trennung von 17-Ketosteroid-gemischen bislang begrenzt geblieben [*102*]. Dagegen wird die Verteilungschromatographie auf Papier [*84, 116, 119, 120*] in zahlreichen Bestimmungsmethoden zur Auftrennung vorgereinigter, 17-Ketosteroid-haltiger Fraktionen aus Harnextrakten herangezogen [*120, 286, 287, 295–297*]. Neuere Trennverfahren, wie Dünnschichtchromatographie oder Gaschromatographie, haben gleichfalls Eingang in die Analytik von C_{19}-Steroiden gefunden. Die Trennung der schwachpolaren 17-Ketosteroide kann z. B. auf Kieselgel-G oder Aluminiumoxyd in zufriedenstellender Weise erreicht werden [*298–301*]. Gaschromatographische Trennmethoden für 17-Ketosteroide in Harnextrakten werden neuerdings beschrieben [*61, 142, 302, 303*]. Hier erleichtert die Überführung der zu trennenden Verbindungen in geeignete Derivate [*135*], wie Trifluoracetate oder Trimethylsilyläther, eine schnelle und einfache Trennung, die zugleich auch eine quantitative Erfassung einzelner Komponenten erlaubt. Wurde doch vor kurzem erst eine auf Gaschromatographie beruhende Methode zur Isolierung und Bestimmung von Testosteron angegeben [*140*].

Zuletzt sei kurz auf den letzten Schritt jeglicher analytischer Methode eingegangen, die Endpunktbestimmung isolierten Materials. Neben der Zimmermann-reaktion [*146*], die in verschiedensten Modifikationen, z. B. unter Verwendung wäßriger [*74, 146, 304*] oder alkoholischer Kalilauge [*305–307*], z. T. unter Zusatz von Ascorbinsäure [*307*] zur Kalilauge oder etwa in wäßriger Lösung [*308*] durchgeführt wird, stellen die Pettenkofer- oder die Allenreaktion brauchbare Farbreaktionen für Dehydroepiandrosteron dar. Die automatische Auswertung von Papierchromatogrammen, wie sie zur Bestimmung individueller 17-Ketosteroide beschrieben wird, dürfte dem Bestreben nach Rationalisierung der Routinebestimmungen entgegenkommen [*120, 309*]. Testosteron kann einmal mit der Koenig-reaktion [*310*], zum anderen durch die spezifische Absorption der $\triangle^4$-3-Ketogruppe in konz. Schwefelsäure bei etwa 290 mμ quantitativ nachgewiesen werden [*292*]. Die Bestimmung von C_{19}-Steroiden mit Hydroxyl-gruppen, die als Dinitrophthalsäure-ester [*311*] bzw. Dinitrobenzoesäure-ester [*312*] oder aber als Eisen-III-salze entsprechender Acethydroxamsäuren kolorimetrisch erfaßbar sind [*313*], blieb bis heute ohne größere Bedeutung. Ebensowenig haben sich andere Farbreaktionen, z. B. die von Androsteron mit Antimontrichlorid [*314, 315*] oder die mit 3,5-Dinitrobenzoesäure [*316*] in alkalischer Lösung durchsetzen können.

Aus der großen Zahl von Arbeiten, die sich mit der Bestimmung von C_{19}-Steroiden befassen, können hier verständlicherweise nur wenige ausführlicher behandelt werden. Ihre Auswahl erfolgte nach der Brauchbarkeit für klinische und wissenschaftliche Untersuchungen, die aus den Zuverlässigkeitskriterien – soweit vorhanden – und den mit diesen Methoden erzielten Ergebnissen hervorgeht.

Die Analyse der gesamten 17-Ketosteroide, wie sie von BIRKET-SMITH [*70*], DREKTER [*69*] u.a. und ZIMMERMANN und PONTIUS [*283*] beschrieben oder von dem British Medical Research Council [*285*] empfohlen wurde, gilt noch heute als eine der wichtigsten endokrinologischen Prüfungen. All diese Verfahren gleichen einander weitgehend in ihrem Aufbau aus heißer Säurehydrolyse, Extraktion mittels organischer Lösungsmittel, Reinigung der Extrakte und der Zimmermann-reaktion als Endpunktbestimmung. Nur selten enthalten die angeführten Vorschriften Angaben über die erwünschten Zuverlässigkeitskriterien, doch haben sich die betreffenden Verfahren im endokrinologischen Laboratorium weitgehend bewährt. Höheren Ansprüchen, wie etwa der quantitativen Bestimmung einzelner Steroide, werden die chromatographischen Verfahren gerecht. KELLIE und WADE [113] bedienen sich einer Adsorptionschromatographie gereinigter Harnextrakte an Säulen aus Aluminiumoxyd, wobei die Gradienten-elution für eine ausreichende Trennung der komplexen Gemische sorgt. Die Spezifität solcher Methoden darf deshalb als gesichert angesehen werden. Daß die Verteilung einzelner Verbindungen auf mehrere Fraktionen die Richtigkeit, Genauigkeit und Empfindlichkeit solcher Analysenmethoden beeinträchtigt, liegt auf der Hand. Hinweise auf diese Kriterien aber sind leider nur unvollständig. Verglichen mit säulenchromatographischen Verfahren stellen die papierchromatographischen Methoden eine wesentliche Vereinfachung dar. Gelingt doch die Auftrennung der zumeist nach fraktionierter Hydrolyse erhaltenen 17-Ketosteroid-gemische innerhalb kurzer Zeit, ohne daß z. B. die Spezifität leidet, wie JAMES [287] oder STARNES u. a. [286] zu zeigen vermochten. Die Säulenchromatographie an Aluminiumoxyd wird auch bei dem von FOTHERBY [288] entwickelten Verfahren zur Bestimmung von Dehydroepiandrosteron im Harn angewandt. Die Spaltung des Dehydroepiandrosteron-sulfats geschieht hier durch 6stündiges Kochen der Harnprobe unter Rückfluß ohne vorherige Einstellung auf einen bestimmten pH-Wert. Eine Bestimmung des im Harn ausgeschiedenen Testosterons kann sowohl nach der Vorschrift von VERMEULEN und VERPLANCKE [292] durchgeführt werden, wie auch nach der von FUTTERWEIT u. a. [140]. Handelt es sich bei ersterer Methode um eine dünnschichtchromatographische, wobei die Endpunktbestimmung durch Zimmermann-reaktion des aus Testosteron durch Oxydation erhältlichen Androstendions erfolgt, so wird in dem zweiten Verfahren der ketonische Anteil von Harnextrakten durch Dünnschichtchromatographie gereinigt und das in einem entsprechenden Eluat befindliche Testosteron gaschromatographisch abgetrennt und planimetrisch bestimmt.

In einem Anhang enthält dies Kapitel schließlich Vorschriften zur Abtrennung der ketonischen Steroide als Girard-T-derivate [79] und der 3β-Hydroxy-steroide als Digitonide [81], da beide Verfahren hauptsächlich im Verlaufe der Bestimmung von C_{19}-Steroiden Anwendung finden.

1. Bestimmung von Gesamt-17-Ketosteroiden im Harn nach Birket-Smith [70]

Hydrolyse. 10 ml Harn werden mit 1 ml 40% Schwefelsäure versetzt und auf der Heizplatte 25 min am Rückfluß gekocht.

Extraktion und Reinigung. Man überführt das Hydrolysat in einen Scheidetrichter, spült zweimal mit Wasser nach und schüttelt 1 min mit 25 ml Äther aus, evtl. nach Zugabe von 2 ml 10 N Natronlauge, um unerwünschte Emulsionsbildung zu vermeiden. Der Ätherextrakt wird durch etwa 10 g pulverisiertes Natriumhydroxyd filtriert. Nach dreimaligem Waschen mit je 2 ml Äther bringt man den Ätherextrakt in geringem Vakuum unter Verwendung einer Infrarotlampe zur Trockne.

Farbreaktion. Der Rückstand wird in 0,2 ml abs. Äthanol und 0,2 ml 2% m-Dinitrobenzol in abs. Äthanol, gegebenfalls unter leichtem Erwärmen, vollständig gelöst, mit 0,2 ml 2,5 N Kalilauge in abs. Äthanol versetzt und 30 min bei 37 °C im Dunkeln inkubiert. Anschließend verdünnt man mit 9,4 ml abs. Äthanol und mißt innerhalb von 20 min die Absorption des Chromogens gegen einen entsprechenden Leerwert. Anstelle der Colorimetrie bei 470 und 520 mμ und der Verwendung einer Korrekturformel nach HAMBURGER zur Eliminierung unspezifischer Chromogene läßt sich vorteilhaft eine Dreipunktmessung durchführen, wobei die maximale Absorption bei 520 mμ wie von ALLEN angegeben zu korrigieren ist:

$$\text{Abs.}_{520} \text{ korr.} = 2 \times \text{Abs.}_{520} - \text{Abs.}_{470} - \text{Abs.}_{570}.$$

Aus der korrigierten Absorption bekannter Mengen an Dehydroepiandrosteron wird der Gehalt der Harnprobe berechnet.

Ergebnisse

Bei zwei Mehrfachbestimmungen der 17-Ketosteroide in Sammelharn ergab sich für jeweils 8 Analysen ein Mittelwert von 8,7 $\pm$ 0,52 mg (= $\pm$6,0%) bzw. 3,0 $\pm$ 0,08 (= $\pm$2,7%) 17-Ketosteroide/24 Std. 30 Doppelbestimmungen verschiedener Harnproben erbrachten gleichfalls weitgehend übereinstimmende Resultate. Während die Empfindlichkeit für Routineuntersuchungen als ausreichend gelten kann, beruht die Spezifität der Methode lediglich auf der Zimmermann-reaktion. Die mit der vorliegenden Methode erzielten Ergebnisse sind den in der Literatur angegebenen Werten durchaus vergleichbar.

2. Bestimmung von Gesamt-17-Ketosteroiden im Harn nach Drekter et al. [69]

Hydrolyse. 10 ml Harn werden in einem 30-ml-Zentrifugenglas mit 3 ml konz. Salzsäure 10 min im siedenden Wasserbad hydrolysiert und sogleich abgekühlt.

Extraktion und Reinigung. Man schüttelt das Hydrolysat, wie auch eine Leerprobe von 10 ml Wasser und 3 ml Salzsäure 15 min mit 10 ml Äthylendichlorid in einem Kahn-schüttelapparat, zentrifugiert und verwirft die wäßrige Phase. Der Extrakt wird durch ein Papierfilter Whatman Nr. 1 in ein 20-ml-Zentrifugenglas mit Schliffstopfen filtriert, 15 min mechanisch mit etwa 20 Plätzchen Natriumhydroxyd geschüttelt und erneut durch ein Papierfilter gegeben. 2 ml des Filtrats werden sodann im Wasserbad bis zur vollständigen Trockne eingedampft.

Farbreaktion. Man löst den Rückstand in 0,4 ml 1% m-Dinitrobenzol in abs. Äthanol, gibt 0,3 ml 8 N Kalilauge hinzu und bebrütet 25 min bei 25 °C. In gleicher Weise behandelt man einen entsprechenden Standard. Nach der Inkubation wird mit 2,0 ml 75% Äthanol verdünnt und die Absorption der Lösung gegen den Leerwert bei 525 mμ gemessen. Die Berechnung des Gehaltes an 17-Ketosteroiden geschieht in der üblichen Weise mit Hilfe der Standardabsorption.

Ergebnisse

Wenngleich Angaben über die Zuverlässigkeitskriterien bei der vorgenannten Methode fehlen, so hat sich diese in vielen Untersuchungen durchaus bewährt. Hinsichtlich der Spezifität wurden einzelne Schritte überprüft unter Anwendung zusätzlicher Farbreaktionen oder Trennmethoden.

Im Harn gesunder Männer fand man durchschnittlich 15,6 mg, in Frauenharn 9,7 mg 17-Ketosteroide/24 Std.

3. Bestimmung von Gesamt-17-Ketosteroiden im Harn nach Zimmermann und Pontius [283]

Hydrolyse. 10 ml Harn werden im Schliffröhrchen (30 × 180 mm) mit 1,0 ml konz. Salzsäure und 1,0 ml 10% (w/v) Kupfersulfatlösung 20 min im Glycerinbad zum Sieden erhitzt. Anstelle von Rückflußkühlern lassen sich Kühlschlangen verwenden, die in die Gläser gehängt werden.

Extraktion und Reinigung. Man schüttelt 5 min mit 20 ml Äther aus oder aber extrahiert in einer besonderen Apparatur, in welcher die mit Schliffstopfen versehenen Röhrchen um ihre Querachse gedreht werden. Nach Absaugen des Harnhydrolysats wäscht man in gleicher Weise einmal mit 20 ml 10% (w/v) Natronlauge und zweimal je 20 ml Wasser. Der Ätherextrakt wird über Natriumsulfat getrocknet und sodann in ein Reagenzglas filtriert, das in einem 50 °C warmen Wasserbad die sofortige Verdampfung des Lösungsmittels gewährleistet.

Farbreaktion. Der Rückstand wird in 1,0 ml Äthanol gelöst, mit 1,0 ml 2% m-Dinitrobenzol in 99% Äthanol und 1,0 ml 3,0 N Kalilauge versetzt, und 90 min im Dunkeln bei 25 ± 0,1 °C bebrütet. Das Reaktionsgemisch wird schließlich mit 4,0 ml Äther extrahiert und die Absorption der Ätherlösung innerhalb von 20 min in einem geeigneten Photometer gegen den entsprechenden Leerwert bei 510 mµ gemessen. Aus der maximalen Absorption gleichzeitig gemessener Standardkonzentrationen (50 und 100 µg Androsteron) läßt sich die Konzentration der 17-Ketosteroide in der Harnprobe ermitteln.

Ergebnisse

Was die Zuverlässigkeitskriterien der Methode angeht, so fand man bei 441 Analysen verschiedenster Harnproben, z.T. in 2–8-facher Bestimmung, eine Standardabweichung der Einzelwerte von ±6,45%, während die Fehlerbreite sich auf ±12,9% belief.

Die Konzentration der gesamten 17-Ketosteroide im Harn gesunder Männer oder gesunder Frauen (20–30 Jahre) betrug 8–27 bzw. 6–18 mg/24 Std. und ist den mit anderen Methoden erhaltenen Ergebnissen durchaus vergleichbar.

4. Bestimmung von Gesamt-17-Ketosteroiden im Harn nach den Empfehlungen des British Medical Research Council [285]

Hydrolyse. 100 ml Harn werden unter Verwendung eines Rückflußkühlers zum Sieden gebracht, mit 10 ml konz. Salzsäure (durch den Kühler) versetzt und 10 min unter Rückfluß gekocht.

Extraktion und Reinigung. Nachdem das Hydrolysat etwas abgekühlt ist, gibt man durch den Kühler 30 ml Tetrachlorkohlenstoff hinzu und kocht sodann weitere 10 min unter Rückfluß. Das organische Lösungsmittel wird nach Erkalten abgetrennt und die heiße Extraktion mittels 30 ml Tetrachlorkohlenstoff wiederholt. Der Gesamtextrakt wird mit 20 ml Wasser, 20 ml 2 N Natronlauge, 20 ml Wasser sowie 20 ml Wasser mit einer Prise Natriumdithionit gewaschen, bevor man im Wasserbad zur Trockne eindampft, zuletzt unter Anlegen eines Vakuums.

Farbreaktion. Der Rückstand wird in 0,2 ml abs. Äthanol gelöst, mit 0,2 ml 2% m-Dinitrobenzol in abs. Äthanol und 0,2 ml 2,5 N Kalilauge in abs. Äthanol versetzt und 60 min bei 25 ± 1 °C im Dunkeln bebrütet. Die Messung des Chromogens erfolgt nach Verdünnen der Reaktionslösung mit 10 ml abs. Äthanol in einem geeigneten Kolorimeter, gegebenenfalls unter Verwendung verschiedener Filter, um die Absorption unspezifischer Chromogene auszuschalten. Anhand der Absorption von Leerwert und Standard (0,1 mg Androsteron oder Dehydroepiandrosteron/0,2 ml abs. Äthanol) läßt sich der Gehalt der unbekannten Probe ermitteln.

Ergebnisse

Vorliegende Methode wurde hinsichtlich ihrer Spezifität überprüft, indem man ihre Ergebnisse mit entsprechenden Werten verglich, wie sie nach Abtrennung der ketonischen Steroide als Girard-T-derivate oder vermittels polarographischer Endpunktbestimmung erhalten wurden.

Die beobachtete Konzentration der 17-Ketosteroide im Normalharn unterschied sich nicht von den mit anderen Verfahren festgestellten Harnspiegeln.

5. Bestimmung verschiedener 17-Ketosteroide im Harn nach Kellie und Wade [113]

Hydrolyse und Extraktion. Der ohne Konservierungsmittel gesammelte 24-Stunden-Harn wird mit 50 g Ammoniumsulfat/ 100 ml Harn bis zur vollständigen Lösung des zugefügten Salzes im Scheidetrichter geschüttelt und dann dreimal mit je 0,5 Vol Äther-Äthanol (3:1 v/v) extrahiert. Man filtriert die gesamten Auszüge durch Whatman Papier Nr. 1 und dampft im Vakuum (10 mm) bei einer Temperatur unter 40 °C zur Trockne ein. Um letzte Spuren von Ammoniumsulfat zu entfernen, wird der Rückstand in Äthanol (rund 0,1 Vol des ursprünglichen 24-Stunden-Harns) aufgenommen und in den für die enzymatische Hydrolyse vorgesehenen Kolben filtriert. Anschließend wird das Lösungsmittel im Vakuum oder unter Stickstoff bei maximal 40 °C abgedampft. Die Hälfte des Trockenextraktes wird sodann in 25 ml 0,5 M Acetatpuffer von pH 4,0 gelöst, mit 200 mg Kaliumdihydrogenphosphat und 100 mg eines Enzympräparates aus Patella vulgata (10^6 E β-Glucuronidase/g) in 20 ml 0,5 M Acetatpuffer von pH 4,0 unter Nachspülen mit 5 ml Puffer versetzt und mit 80000 E Penicillin G 16 Std. bei 40 °C bebrütet. Das Hydrolysat wird zweimal mit je 20 und einmal mit 10 ml Benzol extrahiert, gegebenfalls unter Zentrifugieren für 2 min bei 2000 U/min, um Emulsionen zu brechen. Die vereinigten Auszüge wäscht man dreimal mit je 5 ml 1 N Natronlauge und mit Wasser bis zur neutralen Reaktion, trocknet über Natriumsulfat und dampft zur Trockne ein. Die wäßrige Lösung, in der sich die Steroid-sulfate befinden, wird mit Wasser auf 100 ml verdünnt, mit Salzsäure auf pH 1 gebracht und im Flüssigkeitsextraktor 72 Std. mit Äther extrahiert. Es schließt sich das Waschen der Ätherlösung mit dreimal je 10 ml 1 N Natronlauge und Wasser bis zur neutralen Reaktion der Waschflüssigkeit, ein Trocknen über Natriumsulfat und das Eindampfen des Extraktes bis zur Trockne an. Aliquote Teile beider Fraktionen werden schließlich auf ihren Gehalt an 17-Ketosteroiden mittels der Zimmermann-reaktion untersucht.

Adsorptionschromatographie an Aluminiumoxyd. Der Feuchtigkeitsgehalt des für die Adsorptionschromatographie benutzten Aluminiumoxyds (Savory and Moore, Ltd. London), der 4–5% betragen soll, läßt sich durch die Gewichtsabnahme von 2 g Adsorbens in einem Wägegläschen nach 16stündigem Erhitzen auf 100 °C nachprüfen und gegebenfalls durch Zugabe der berechneten Menge Wassers und 2stündiges Durchrühren einstellen. Man füllt die Säule (0,6 × 35 cm), die oben mit einem Schliff für das eine Vorratsgefäß und unten mit einer Ausflußkapillare (0,2 × 6 cm) versehen ist, mit Benzol, bringt einen kleinen Wattepfropfen über den Kapillaransatz und trägt dann 6 g des standardisierten Aluminiumoxyds ein, das bei Ablassen des Benzols durch leichtes Klopfen sich gleichmäßig absetzt. Die Höhe der fertigen Säule soll etwa 21 cm betragen. Mittels dreimal je 0,2 ml Benzol wird der Harnextrakt (oder nur eine der beiden Fraktionen), maximal 1 mg 17-Ketosteroide, auf die Säule gebracht, die nach Einsickern des Extraktes mit Benzol zu füllen ist.

Es schließt sich die Elution an. Die Herstellung des Lösungsmittel-gradienten geschieht mittels zweier, durch eine Kapillare (0,1 cm Durchmesser) verbundenen Vorratsgefäße, von denen das auf der Säule sitzende (120 ml) mit 110 ml 0,2% (v/v) Äthanol in Benzol beschickt und mit einem Rührer versehen ist, das zweite aus einem Siederohr (2,4–2,5 × 17 cm) besteht und 65 ml 2% (v/v) Äthanol in Benzol enthält. Öffnet man den Hahn des erstgenannten Gefäßes, so fließt aus dem zweiten die entsprechende Menge des polaren Elutionsmittels in das Mischgefäß und erhöht kontinuierlich die Konzentration des Elutionsmittels an Äthanol. Bei einer Tropfgeschwindigkeit von 10–12 ml/Std. erhält man insgesamt rund 80–85 Fraktionen von 2 ml innerhalb von 16 Std. (über Nacht). Nach Beendigung der Gradienten-elution wird die Säule mit 20 ml 10% (v/v) Äthanol in Benzol behandelt, um restliche 17-Ketosteroide zu entfernen. Die Einzelfraktionen werden in 4-ml-Röhrchen aufgefangen und über Nacht im Dampftrockenschrank bei 60 °C zur Trockne gebracht. Man löst den Inhalt in 2 ml Äthanol, entnimmt 0,2 ml aus den Fraktionen, welche die wichtigsten 17-Ketosteroide enthalten: Dehydroepiandrosteron, Androsteron und Aetiocholanolon, und 0,5 ml aus allen übrigen Fraktionen, und dampft zur Trockne ein.

Farbreaktion. Rückstände von Proben, die 0–50 µg 17-Ketosteroide enthalten, werden in 4-ml-Röhrchen mit 0,1 ml 1% (w/v) *m*-Dinitrobenzol in abs. Äthanol gelöst und mit 0,05 ml 2,5 N Kalilauge in abs. Äthanol 60 min bei Zimmertemperatur im Dunkel bebrütet. Vor der Photometrie bei 440, 520 und 600 mµ verdünnt man die Farblösung mit 2,5 ml abs. Äthanol. Die gemäß der Formel von ALLEN korrigierte Absorption bei 520 mµ

$$\text{Abs.}_{520} \text{ korr.} = \text{Abs.}_{520} - \frac{\text{Abs.}_{440} + \text{Abs.}_{600}}{2}$$

wird mit der eines Standards von 15 µg Dehydroepiandrosteron verglichen und der Gehalt an 17-Ketosteroid festgelegt.

Enthält das Aliquot einer Fraktion nur 0–10 µg 17-Ketosteroid, so führt man die Zimmermann-reaktion in einem 2-ml-Röhrchen mit 0,02 ml 1% (w/v) *m*-Dinitrobenzollösung und 0,01 ml 2,5 N Kalilauge durch, verdünnt nach 60 min bei Zimmertemperatur mit 0,5 ml Äthanol und mißt gegen den entsprechenden Leerwert wie oben angegeben. 5 µg Dehydroepiandrosteron dienen hierbei als Standard zur Berechnung der Konzentration.

Ergebnisse

12 Bestimmungen von Dehydroepiandrosteron, Androsteron, Aetiocholanolon, 11β-Hydroxy-androsteron, 11β-Hydroxy-aetiocholanolon, 11-Keto-androsteron und 11-Keto-aetiocholanolon in 6 Harnproben gesunder Männer und 6 Harnproben gesunder Frauen ergaben:

Männer

	Glucuronosid-fraktion mg/24 Std.	Sulfat-fraktion mg/24 Std.
Dehydroepiandrosteron	0,00–0,50	0,25–2,07
Androsteron	1,72–4,54	0,34–1,16
Aetiocholanolon	2,90–5,06	0,04–0,65
11β-Hydroxy-androsteron	0,36–0,46	
11-Keto-androsteron	0,07–0,14	
11β-Hydroxy-aetiocholanolon	0,15–0,52	
11-Keto-aetiocholanolon	0,48–0,94	
Unpolare 17-Ketosteroide[1]	0,02–0,43	0,02–0,71
Polare 17-Ketosteroide[2]	0,14–0,29	0,05–0,15

[1] unbekannte 17-Ketosteroide, vornehmlich C_{19}-Dione
[2] unbekannte 17-Ketosteroide

Frauen

	Glucuronosid-fraktion mg/24 Std.	Sulfat-fraktion mg/24 Std.
Dehydroepiandrosteron	0,07–0,80	0,71–1,40
Androsteron	2,38–3,23	0,53–1,21
Aetiocholanolon	3,57–5,44	0,24–0,76
11β-Hydroxy-androsteron	0,16–0,58	
11-Keto-androsteron	0,02–0,16	
11β-Hydroxy-aetiocholanolon	0,09–0,56	
11-Keto-aetiocholanolon	0,55–1,35	
Unpolare 17-Ketosteroide[1]	0,00–0,24	0,01–0,25
Polare 17-Ketosteroide[2]	0,23–0,36	0,04–0,19

[1] unbekannte 17-Ketosteroide, vornehmlich C_{19}-Dione
[2] unbekannte 17-Ketosteroide

Die Konzentration der gesamten 17-Ketosteroide bewegte sich zwischen 7,26 und 11,90 mg bzw. 9,41 und 10,64 mg/24 Std. in der Glucuronosid-fraktion und 1,40 und 4,82 mg bzw. 1,96 und 3,61 mg/24 Std. in der Sulfat-fraktion.

Die Genauigkeit der Methode, für die keine Angaben über Richtigkeit vorhanden sind, wird mit $\pm 5\%$ veranschlagt. Die Empfindlichkeit dürfte bei 0,1 mg/24 Std. liegen. Was die Spezifität des Verfahrens angeht, so konnte durch Infrarotanalyse, wie auch durch Papierchromatographie der einzelnen Fraktionen die Identität isolierten Materials zweifelsfrei bestätigt werden.

In der Fraktion der unpolaren 17-Ketosteroide sind vornehmlich Androstan-3,17-dion und Aetiocholan-3,17-dion vorhanden, wie Säulen- und Papierchromatographie und Infrarotanalyse erkennen ließen.

6. Bestimmung einzelner 17-Ketosteroide im Harn nach James [287]

Hydrolyse und Extraktion. Ein rund 1–2 mg 17-Ketosteroide enthaltendes Aliquot des 24-Stunden-Harns wird mit 50 g Ammonium-sulfat/100 ml Harn bis zur vollständigen Auflösung geschüttelt und dreimal mit je 0,5 Vol Äther-Äthanol (3:1 v/v) extrahiert. Die vereinigten Ätherextrakte werden durch Whatman Nr. 1 Papier filtriert und im Vakuum bei einer Temperatur unter 40 °C zur Trockne eingedampft. Den Rückstand löst man in 25 ml 1,0 M Acetatpuffer von pH 5,0, gibt 0,5 ml eines Enzympräparates aus Helix pomatia (mit 40000–80000 E β-Glucuronidase/ml) hinzu und bebrütet 24 Std. bei 37 °C. Anschließend wird nochmals mit 0,5 ml des Enzympräparates versetzt, 24 Std bei 37 °C inkubiert und das Hydrolysat dann dreimal mit je 50 ml Äther extrahiert. Zum

Waschen der vereinigten Ätherauszüge dienen zweimal je 5 ml Wasser, zweimal je 3 ml 2 N Natronlauge und dreimal je 3 ml Wasser, von denen die beiden ersten Waschfraktionen zu der ursprünglichen, wäßrigen Lösung gegeben werden. Dann dampft man den gereinigten Ätherextrakt nach Filtrieren durch Natriumsulfat und Nachspülen mit 10 ml Äther im 100-ml-Rundkolben mit ausgeblasener Spitze zur Trockne ein, spült die Wände des Kolbens so lange mit Äthylacetat-Methanol (1:1 v/v), bis sich der gesamte Harnextrakt in der Spitze befindet und bringt den Extrakt zur Trockne. Die wäßrige Phase wird mit 5 N Schwefelsäure auf pH 1 gebracht, mit 20% (w/v) Natriumchlorid und 40 ml Äthylacetat versetzt, geschüttelt und 24 Std. bei 37 °C stehengelassen. Es folgt die Abtrennung der organischen Phase, ein Waschen mit 2 N Natronlauge und Wasser bis zu neutraler Reaktion der Waschflüssigkeit, Trocknen über Natrium-sulfat und Eindampfen im Rotationsverdampfer.

Erste Papierchromatographie. Der Rückstand beider Fraktionen wird auf einen Streifen gewaschenem Whatman Papier Nr. 3 MM (5 × 56 cm) aufgetragen und nach 2stündigem Equilibrieren bei Zimmertemperatur im Lösungsmittelsystem Petroläther-Benzol/Methanol-Wasser (2:1:8:2 v/v) für etwa 2 Std. absteigend chromatographiert. Nach Festlegung der Lösungsmittelfront trocknet man an der Luft, schneidet den Streifen bei dem R_f-Wert von 0,45 in zwei Hälften und verwirft die ersten 2–3 cm der oberen Hälfte. Befinden sich die 11-Desoxy-17-ketosteroide auf der unteren Papierhälfte, so enthält die obere die 11-oxygenierten 17-Ketosteroide. Die Papierstreifen werden nun mittels Äthylacetat-Methanol (2:1 v/v) eluiert und die ersten 3 ml des Eluats mit Methanol auf 10 ml aufgefüllt. 1 ml dieser Lösung dient der Bestimmung von 17-Ketosteroiden durch die Zimmermannreaktion.

Zweite Papierchromatographie. Aliquote der verschiedenen Fraktionen mit jeweils 100–150 µg 17-Ketosteroiden werden in konisch zulaufenden Reagenzgläsern bei 50 °C unter Stickstoff zur Trockne gebracht, wobei der Extrakt durch mehrmaliges Spülen mit Äthylacetat-Methanol (1:1 v/v) in der Spitze des Reagenzglases zu sammeln ist, und der Gesamtrückstand wird dann mittels einmal 0,025 und zweimal mit je 0,015 ml des gleichen Lösungsmittelgemisches auf Whatman Papier Nr. 2 (3 × 57 cm) über die ganze Breite des Papiers streifenförmig aufgetragen. Die 11-Desoxy-17-ketosteroide chromatographiert man in Duplikat bei Zimmertemperatur im Lösungsmittelsystem Petroläther-Methanol-Wasser (100:96:4 v/v) für 15 Std. unter Verwendung von jeweils 20 µg Dehydroepiandrosteron, Androsteron und Aetiocholanolon als Bezugssubstanzen auf einem gesonderten Streifen, die 11-oxygenierten 17-Ketosteroide im Lösungsmittelsystem Petroläther-Benzol/Methanol-Wasser (66:33:80:20 v/v) für 15 Std. zusammen mit je 20 µg 11β-Hydroxy-androsteron, 11β-Hydroxyaetiocholanolon und 11-Keto-aetiocholanolon. Nach Trocknen an der Luft werden bei den 11-Desoxy-17-ketosteroiden der Standardstreifen und einer der beiden Streifen mit Harnextrakt, bei den 11-oxygenierten 17-Ketosteroiden der Standardstreifen und ein 3 mm breiter Streifen des den Harnextrakt enthaltenden Papierchromatogramms schnell durch Zimmermann-reagenz (1 Teil 2% [w/v] m-Dinitrobenzol in Äthanol und 1 Teil 3 N Kalilauge in 80% Äthanol) gezogen, zwischen Filtrierpapier abgepreßt und wenige Minuten auf 70 °C erhitzt, bis sich die Flecke der 17-Ketosteroide zeigen. Die den einzelnen Standardverbindungen entsprechenden Abschnitte werden mittels Äthylacetat-Methanol (2:1 v/v) eluiert und in graduierten Reagenzgläsern mit Schliffstopfen bei 40 °C im Vakuum oder unter Stickstoff zur Trockne eingedampft.

Farbreaktion. Der Rückstand der einzelnen Fraktionen wird in 0,2 ml abs. Äthanol gelöst und ebenso wie Standardlösungen von 25, 50, 75 und 100 µg Dehydroepiandrosteron in 0,2 ml abs. Äthanol mit 0,4 ml eines Gemisches aus je 1 Vol 2% (w/v) m-Dinitrobenzol in abs. Äthanol und 2,5 N Kalilauge in abs. Äthanol versetzt. Nach einer 60minütigen Bebrütung bei 25 °C im Dunkeln gibt man 2,0 ml 30% Äthanol sowie 5,0 ml Äther hinzu, schüttelt kräftig für 10 sec und überführt die Ätherschicht in 3-ml-Küvetten. Die Absorption des Chromogens wird bei 515 mµ gegen einen Reagenzienleerwert gemessen und die Konzentration des jeweiligen 17-Ketosteroids anhand der Absorption der Standardlösungen ermittelt. Stehen nur geringe Mengen an 17-Ketosteroiden zur Verfügung, so empfiehlt sich für die Durchführung der Farbreaktion die Hälfte der angegebenen Volumina.

Die Farbgebung der einzelnen 17-Ketosteroide in der Zimmermann-reaktion, bezogen auf die von Dehydroepiandrosteron beträgt für: Androsteron 99%, Aetiocholanolon 108%, 11β-Hydroxyandrosteron 73%, 11β-Hydroxy-aetiocholanolon 96% und 11-Keto-aetiocholanolon 122%, so daß eine Korrektur der erhaltenen Konzentrationen möglich ist.

Ergebnisse

Von 73–176 µg der verschiedenen 17-Ketosteroide, die mit Ausnahme von Dehydroepiandrosteron (als Sulfat) in freier Form

200 ml Harn zugesetzt worden waren, konnten 60% Dehydroepiandrosteron, 75% Androsteron, 83% Aetiocholanolon, 70% 11β-Hydroxy-aetiocholanolon, 76% 11β-Hydroxy-androsteron und 81% 11-Keto-aetiocholanolon zurückgewonnen werden. Mehrfachbestimmungen zeigten, daß die Standardabweichung der Einzelwerte vom Mittel bei einer Konzentration über 1 mg/24 Std. ±5% nicht überstieg, bei einer Konzentration unter 1 mg/24 Std. dagegen zuweilen ±10% erreichte. Die Spezifität der Methode wird durch mehrfache Papierchromatographie erreicht und konnte durch Zusatz einzelner Steroide und ihre Wiederauffindung in den entsprechenden Fraktionen belegt werden.

Im Verlauf von 18 Analysen der genannten 17-Ketosteroide im Harn gesunder Frauen fand man 0,1–3,7 mg Dehydroepiandrosteron, 0,4–3,6 mg Androsteron, 0,6–7,3 mg Aetiocholanolon, 0,2–2,1 mg 11β-Hydroxy-androsteron, 0,1–1,6 mg 11β-Hydroxyaetiocholanolon und 0,2–1,5 mg 11-Keto-aetiocholanolon je 24 Std. Verluste während der Aufarbeitung wurden hierbei nicht berücksichtigt. Die Konzentration der gesamten 17-Ketosteroide schwankte zwischen 4,7 und 31,0 mg/24 Std., wovon 1,7–22,9 mg auf die mittels vorliegender Methode erfaßten 17-Ketosteroide entfielen.

7. Bestimmung einzelner 17-Ketosteroide im Harn nach Starnes et al. [286]

Hydrolyse und Extraktion. Ein wenigstens 5,0 mg Porter-Silber-Chromogene und 5,0 mg 17-Ketosteroide enthaltendes Volumen des 24-Stunden-Harns wird mit 2,0 M Acetatpuffer auf pH 4,5 gebracht, gegebenenfalls mit Wasser auf 1000 ml aufgefüllt und mit 200 IE β-Glucuronidase (Ketodase, Warner-Chilcott, Morris Plains, NJ)/ml ursprünglichen Harns 120 Std. bei 37 °C bebrütet. Anschließend stellt man den pH-Wert des Hydrolysats mit 50% Schwefelsäure auf 1,0, verdünnt mit Wasser auf 1800 ml und extrahiert kontinuierlich in einem 2-Liter-Flüssigkeitsextraktor mit 500 ml Äther für weitere 7 Tage, wobei der Äther täglich zu wechseln ist.

Reinigung. Die vereinigten Ätherextrakte, die im Eisschrank aufbewahrt werden, wäscht man einmal mit 0,1 Vol 1,0 N Natronlauge und einmal mit 0,1 Vol 0,02 N Essigsäure in 25% Kochsalzlösung. Beide Waschflüssigkeiten werden mit je 500 ml Äther rückextrahiert, die Extrakte mit dem Gesamtextrakt vereinigt und im Rotationsverdampfer zur Trockne eingedampft. Den Rückstand nimmt man sodann in etwas 95% Äthanol auf, überführt ihn quantitativ in ein konisch zulaufendes 40-ml-Zentrifugenglas und dampft im Vakuum bei 45–50 °C vollständig zur Trockne ein.

Verteilungschromatographie an Aluminiumoxyd-Silicagel. Zur Herstellung der Säule (1,5 × 30 cm, mit 250 ml Schlifftropftrichter versehen) werden 5 g Aluminiumoxyd-Silicagel (man schüttelt 500 g Silica-Alumina-Catalyst, Nr. 113-08-08-226, Davison Chemical Co. auf einem 200-mesh-Sieb, bis 250 g zur Verwendung zurückbleiben) mit 10–15 ml 50% Äthanol, das mit n-Hexan equilibriert ist, gründlich vermischt und auf die mit Glaswolle verschlossene Säule gegeben. Man spült mit 2–3 ml 50% Äthanol nach, wirbelt das Trägermaterial auf, läßt absitzen und preßt mit einem geeigneten Lochpacker. Anschließend wird die Säule unter Druck mit weiterer stationärer Phase gewaschen, bevor man 15 ml der mobilen Phase A (n-Hexan, mit 50% Äthanol equilibriert) auf die Säule bringt, um einen Überschuß stationärer Phase zu entfernen. Der Flüssigkeitsspiegel wird bis 1 mm unterhalb der Säulenoberfläche gesenkt, die Innenwand der Säule getrocknet und diese mit rund 100 mg trocknem Adsorbens überschichtet. Man pipettiert den in 0,1 ml stationärer Phase (50% Äthanol, mit n-Hexan gesättigt) gelösten Harnextrakt vorsichtig auf diese Schicht (bei zuviel Material werden 200 mg Adsorbens und 0,2 ml Lösungsmittel verwandt), wiederholt diesen Vorgang zwecks vollständiger Überführung des Harnextraktes und wäscht sodann dreimal mit je 0,1 ml mobiler Phase A (n-Hexan, gesättigt mit 50% Äthanol) nach. Zuletzt wird die Säule mit einer etwa 0,5 bis 1,0 cm dicken Schicht aus grobem Sand versehen und mit mobiler Phase A (n-Hexan, gesättigt mit 50% Äthanol) bis zur 20-ml-Marke aufgefüllt, was bei einer Tropfgeschwindigkeit von 0,6 ml/min die Elution der Säule ohne Anwendung von Druck ermöglicht.

Die Herstellung der verschiedenen mobilen Phasen erfolgt durch Schütteln von 1 Vol stationärer Phase (50% Äthanol) mit 1 Vol mobiler Phase, welche mit Ausnahme von mobiler Phase D stets die Oberschicht darstellt. Die verschiedenen mobilen Phasen bestehen aus: A = 150 ml n-Hexan, gesättigt mit 50% Äthanol, B = 70 ml 5% (v/v) Chloroform in n-Hexan, gesättigt mit 50% Äthanol, C = 150 ml 30% (v/v) Chloroform in n-Hexan und D = 50 ml 50% Chloroform in n-Hexan, jeweils gesättigt mit 50% Äthanol. Man eluiert nun der Reihe nach mit 80 ml A, 50 ml B und 150 ml C. Während die beiden ersten Fraktionen $C_{19}O_2$- und $C_{19}O_3$-Steroide enthalten, findet man in Fraktion C die C_{21}-Steroide, die getrennt aufgearbeitet werden können. Fraktion A und B werden vereinigt, im Vakuum zur Trockne eingedampft und ein Aliquot einer quantitativen Zimmermannreaktion unterworfen.

Papierchromatographie. Aliquote Teile des Harnextraktes, die rund 2–4 mg Zimmermann-chromogene enthalten, werden auf einem 20 cm breiten Streifen Whatman Papier Nr. 2 aufgetragen. Beiderseits der etwa 15 cm langen Startlinie läßt man als Bezugssubstanzen je 20 µg Testosteron, Dehydroepiandrosteron und Androsteron laufen. Zur Entwicklung dient das Lösungsmittelsystem Äthylenglykol/Toluol. Sobald die Lösungsmittelfront bei absteigender Chromatographie und einer Arbeitstemperatur von 28 °C etwa 5 cm vom unteren Papierrand entfernt ist, entnimmt man das Chromatogramm dem Tank, trocknet 16 Std. bei Zimmertemperatur und legt die Testosteronflecke unter dem UV-Licht fest. 2 cm oberhalb des Testosteronfleckes wird das Chromatogramm durchgeschnitten. Beide Hälften werden dann mit 150 ml 95% Äthanol eluiert und die Eluate im Vakuum bei 45–50 °C zur Trockne eingedampft. In dem Eluat der oberen Hälfte (= 1) befinden sich die $C_{19}O_3$-Steroide mit Ausnahme von 11-Ketoandrosteron, in dem der unteren Hälfte (= 2) die $C_{19}O_2$-Steroide. Zwei Aliquote der Fraktion 1 mit rund 400–600 µg Zimmermann-chromogenen werden jeweils in einem 5 cm breiten Streifen auf Whatman Papier Nr. 2 (20 cm breit) aufgetragen, zusammen mit den als Bezugssubstanz dienenden Verbindungen Testosteron und 11-Desoxy-17-hydroxy-corticosteron und sodann im Lösungsmittelsystem Äthylenglykol/Methylcyclohexan-Benzol absteigend chromatographiert. In gleicher Weise unterwirft man zwei Aliquote der Fraktion 2 mit je 400–600 µg Zimmermann-chromogenen einer erneuten Papierchromatographie im Lösungsmittelsystem Äthylenglykol/Methylcyclohexan, wobei wiederum Testosteron, Dehydroepiandrosteron und Androsteron als Bezugssubstanzen Verwendung finden.

Von je einer Hälfte der beiden Chromatogramme schneidet man einen Streifen ab, besprüht ihn mit Zimmermann-reagenz-Lösung (1 Teil 7,5 g Kaliumhydroxyd in 50 ml 95% Äthanol und 2 Teile einer Lösung von 1,0 g m-Dinitrobenzol in 50 ml 95% Äthanol) und erhitzt 1–3 Minuten im Trockenschrank von 80 bis 90 °C, bis alle Zimmermann-chromogene sich deutlich erkennen lassen. Die entsprechenden Abschnitte jeder zweiten Chromatogrammhälfte werden ausgeschnitten, mittels 20 ml 95% Äthanol in konisch zulaufenden 40-ml-Zentrifugengläsern während 18 bis 24 Std. eluiert und Aliquote der betreffenden Steroide schließlich analysiert.

Farbreaktionen. Zur Bestimmung der Zimmermann-chromogene wird der Rückstand der einzelnen Steroid-fraktionen in 0,4 ml 2% m-Dinitrobenzol in abs. Äthanol gelöst, mit 0,2 ml 5,0 N wäßriger Kalilauge versetzt und 90 min bei Zimmertemperatur bebrütet. Anschließend wird mit 2,0 ml 80% Äthanol verdünnt und die Absorption der Lösung gegen einen entsprechenden Leerwert bei 520 mµ gemessen. Als Standard benutzt man Dehydroepiandrosteron.

Für die qualitative Bestimmung der einzelnen Steroide können die Absorptionsspektren in konz. Schwefelsäure oder Allen-reagenz, wie auch eine Rechromatographie herangezogen werden.

Ergebnisse

Nach Zugabe von 1,2 mg Dehydroepiandrosteron, 1,6 mg Aetiocholanolon und 3,6 mg Androsteron zu Harn konnten 100,0% Dehydroepiandrosteron, 81,2% Aetiocholanolon und 72,2% Androsteron wiedergefunden werden. Bei einer Sechsfachbestimmung der einzelnen 17-Ketosteroide im Sammelharn fand man 0,26 bis 0,56 mg Dehydroepiandrosteron (Mittel: 0,41 mg, Standardabweichung: ±15%), 1,99–2,53 mg Aetiocholanolon (Mittel: 2,31 mg, Standardabweichung: ±29%), 0,38–1,69 mg Androsteron (Mittel: 0,51 mg, Standardabweichung: ±16%), 0,30–0,59 mg 11β-Hydroxy-androsteron (Mittel: 0,48 mg, Standardabweichung: ±15%), 0,20–0,32 mg 11-Keto-androsteron (Mittel: 0,25 mg, Standardabweichung: ±8%), 0,41–0,88 mg 11β-Hydroxy-aetiocholanolon (Mittel: 0,63 mg, Standardabweichung: ±30%), 0,68–0,94 mg 11-Keto-aetiocholanolon (Mittel: 0,79 mg, Standardabweichung: ±14%) sowie zwei nichtidentifizierte 17-Ketosteroide, deren Konzentrationen bei 0,42–0,88 mg (Mittel: 0,63 mg, Standardabweichung: ±24%) bzw. 0,27–0,40 mg (Mittel: 0,32 mg, Standardabweichung: ±6%) lag. Die Bestimmung der gesamten 17-Ketosteroide erbrachte 6,06–7,09 mg (Mittel: 6,39 mg, Standardabweichung: ±4%). Während die Empfindlichkeit der beschriebenen Methode nicht angegeben wurde, ließ sich die Spezifität durch Isolierung und Identifizierung der einzelnen 17-Ketosteroide weitgehend sichern. Lediglich die Aufklärung der Struktur zweier Zimmermann-chromogene steht noch aus.

Im Verlaufe der Analyse von je 10 Harnproben gesunder Männer und 10 Harnproben gesunder Frauen wurden folgende Konzentrationen der einzelnen 17-Ketosteroide gefunden:

Männer

	Konzentrationsbereich mg/24 Std.	Mittel mg/24 Std.	Standardabweichung %
Dehydroepiandrosteron	0,43–3,84	1,72	63
Androsteron	1,68–5,54	2,78	40
Aetiocholanolon	2,29–8,20	3,77	43
11β-Hydroxy-androsteron	0 –1,54	0,65	63
11-Keto-androsteron	0 –0,74	0,34	68
11β-Hydroxy-aetiocholanolon	0 –2,99	1,10	75
11-Keto-aetiocholanolon	0,23–2,58	0,89	84
Unbekanntes 17-KS-1	0 –0,48	0,10	180
Unbekanntes 17-KS-2	0 0	0	0

Frauen

	Konzentrationsbereich mg/24 Std.	Mittel mg/24 Std.	Standardabweichung %
Dehydroepiandrosteron	0,37–3,51	0,98	89
Androsteron	0,82–6,52	2,23	58
Aetiocholanolon	1,55–6,57	3,10	46
11β-Hydroxy-androsteron	0,39–1,09	0,65	43
11-Keto-androsteron	0 –2,07	0,68	76
11β-Hydroxy-aetiocholanolon	0,34–1,37	0,74	46
11-Keto-aetiocholanolon	0,28–1,83	1,00	43
Unbekanntes 17-KS-1	0 –1,19	0,46	78
Unbekanntes 17-KS-2	0,24–0,55	0,16	125

8. Bestimmung von Dehydroepiandrosteron im Harn nach Fotherby [288]

Hydrolyse. 20 ml des 24-Stunden-Harns werden in einem mit Schliff versehenen Röhrchen 6 Std. im siedenden Wasserbad unter Verwendung eines Kühlers ohne Veränderung des ursprünglichen pH-Wertes erhitzt.

Extraktion. Das erkaltete Hydrolysat wird sodann mit 40 ml Benzol extrahiert, die organische Phase einmal mit 20 ml Wasser gewaschen und ein Aliquot von 35 ml in einem Siedeglas (2,5 × 15 cm) bei 40–60 °C im Luftstrom bis auf rund 5 ml eingedampft.

Adsorptionschromatographie an Aluminiumoxyd. Man überführt die Benzollösung mittels Kapillarpipette auf eine mit Benzol zubereitete Säule (0,5 × 6 cm) aus Aluminiumoxyd (Hopkin and Williams, Ltd., gereinigt, neutral, Aktivität 1), spült mit 2 ml Benzol nach und eluiert mit 8 ml Benzol. Es schließt sich die Elution von Dehydroepiandrosteron und 6β-Hydroxy-3:5-cyclo-androstan-17-on mittels 30 ml 0,1 % Äthanol in Benzol an. Diese

Fraktion wird im Wasserbad und im Luftstrom zur Trockne eingedampft.

Farbreaktion. Der Rückstand wird in 0,2 ml Eisessig, evtl. unter Erwärmen, gelöst, mit 0,8 ml einer 0,56% (v/v) Lösung von frisch destilliertem Furfural in 50% Essigsäure und 3 ml 16 N Schwefelsäure versetzt, 12 min in einem Wasserbad von 67 $\pm$ 0,2 °C erhitzt und sogleich 1 min im Eisbad abgekühlt. In gleicher Weise führt man die Farbreaktion mit jeweils 20 und 40 µg Dehydroepiandrosteron sowie einem Reagenzienleerwert durch. Die Absorption des gebildeten blauen Chromogens wird bei 620, 660 und 700 mµ gemessen und die maximale Absorption bei 660 mµ korrigiert:

$$\text{Abs.}_{660} \text{ korr.} = \text{Abs.}_{660} - \frac{\text{Abs.}_{620} + \text{Abs.}_{700}}{2}.$$

Aus der korrigierten Absorption der Standardlösungen kann die Konzentration von Dehydroepiandrosteron bzw. dem daraus entstandenen Artefakt in der unbekannten Probe errechnet werden.

Ergebnisse

Nach Zugabe von 4,8, 9,6, 19,2 und 38,4 µg Kalium-dehydroepiandrosteron-sulfat zu 20 ml Harn adrenalektomierter Personen konnten jeweils 97 $\pm$ 11% ($n = 7$), 96 $\pm$ 5,5% ($n = 7$), 95 $\pm$ 6% ($n = 6$) und 94 $\pm$ 4% ($n = 6$) des zugeführten Steroids im Endextrakt nachgewiesen werden. Bei entsprechenden Wiederauffindungsversuchen mit 9,6, 19,2 und 38,4 µg Kalium-dehydroepiandrosteron-sulfat in 20 ml Normalharn belief sich die Wiederauffindungsrate auf 80 $\pm$ 8% ($n = 11$), 79 $\pm$ 8% ($n = 15$) und 87 $\pm$ 10% ($n = 12$). Aus diesen Versuchsergebnissen geht weiterhin hervor, daß 3,4 µg Dehydroepiandrosteron in einer 20-ml-Probe noch mit genügender Genauigkeit erfaßt werden können, was bei einem Harnvolumen von 1500 ml einer Konzentration von 0,25 mg/24 Std. gleichkommt. Diese Empfindlichkeit läßt sich durch Analyse eines größeren Harnvolumens oder Durchführung einer Mikromodifikation der Pettenkofer-reaktion steigern. 45 Mehrfachbestimmungen führten zur Feststellung, daß die Standardabweichung der Einzelwerte vom Mittel 0,06 mg/24 Std. betrug und die Genauigkeit des Verfahrens somit den Anforderungen gerecht wird. Die Spezifität der Methode ist durch die Hydrolysemethode, die chromatographische Abtrennung der genannten Verbindungen und die Pettenkofer-reaktion gegeben, wobei letztere zwar verschiedene $\triangle^5$-3β-Hydroxy-steroide erfaßt, der Beitrag von Dehydroepiandrosteron zur Farbgebung aber besonders groß ist.

Im Harn von 28 gesunden Männern im Alter zwischen 18 und 63 Jahren wurde eine tägliche Ausscheidung von 0,2–4,5 mg (Mittel: 1,2 mg) Dehydroepiandrosteron, im Harn von 28 gesunden Frauen (18–72 Jahre) dagegen nur eine solche von 0,0–2,0 mg (Mittel: 0,5 mg) Dehydroepiandrosteron beobachtet, was einem Anteil von 4–30 bzw. 3–28% an den gesamten 17-Ketosteroiden entspricht.

9. Bestimmung von Testosteron im Harn nach Vermeulen und Verplancke [292]

Hydrolyse. Zu 0,5 Vol des 24-Stunden-Harns fügt man 4-^{14}C-Testosteron mit etwa 10000 I/m hinzu, bringt den pH-Wert des Harns auf 5,0, versetzt mit 0,1 Vol 0,1 M Acetatpuffer von pH 5,4 und bebrütet mit 1000 E β-Glucuronidase/ml für 48 Std. bei 37 °C.

Extraktion und Reinigung. Das Hydrolysat wird viermal mit je 0,25 Vol Äther extrahiert, der Gesamtextrakt zweimal mit je 0,1 Vol 10% Natronlauge und zweimal mit je 0,1 Vol Wasser gewaschen und im Vakuum zur Trockne eingedampft.

Adsorptionschromatographie an Aluminiumoxyd. Der Trockenrückstand wird in 2 ml Benzol gelöst und auf eine in Benzol zubereitete Säule (Durchmesser: 1 cm, mit Glasfritte) aus 2 g Aluminiumoxyd (Merck, Aktivität 2–3) gebracht. Die Elution der Säule erfolgt mittels 60 ml 0,25% Äthanol in Benzol. Das Eluat, in welchem sich außer Testosteron die 11-Desoxy-17-ketosteroide befinden, dampft man zur Trockne ein.

Dünnschichtchromatographie und Oxydation. Den in wenig Äthanol gelösten Trockenrückstand unterwirft man einer Dünnschichtchromatographie auf Kieselgel-G (Merck) im Lösungsmittelsystem Chloroform-Äthylacetat (80:20 v/v), wobei zu beiden Seiten des Harnextraktes Testosteron-standard mitläuft. Nach Festlegung der testosteronhaltigen Abschnitte unter UV-Licht (Wellenlänge: 254 mμ) wird der entsprechende Abschnitt des Harnchromatogramms mit Äther eluiert und der Extrakt zur Trockne gebracht. Den Rückstand löst man in 0,3 ml Eisessig, läßt mit 0,2 ml 2% Chromtrioxyd in Eisessig über Nacht bei Zimmertemperatur stehen, verdünnt mit 2 ml Wasser und extrahiert das entstandene Androstendion mittels Äthylacetat. Der Extrakt wird nun zur Trockne eingedampft, der Rückstand einer zweiten Dünnschichtchromatographie auf Kieselgel-G mit Äther als mobiler Phase unterzogen und der Androstendion enthaltende Abschnitt schließlich mit Äther eluiert.

Quantitative Bestimmung. In einem aliquoten Teil des zur Trockne eingedampften Eluats bestimmt man Androstendion mittels der Zimmermann-reaktion, während im Rest die vorhandene Radioaktivität vermittels eines Gasdurchflußzählers festgelegt wird. Anhand der gemessenen Radioaktivität läßt sich die Verlustrate ermitteln, so daß ein rechnerischer Ausgleich der mit der Farbreaktion erhaltenen Konzentration erfolgen kann.

Ergebnisse

Bei einem Wiederauffindungsversuch mit dreimal je 25 µg Testosteron in Gegenwart von 11-Oxo-17-ketosteroiden konnten 23, 24 und 26 µg zugefügten Testosterons in dem Endextrakt nachgewiesen werden. Im Verlaufe von 14 Doppelbestimmungen betrug die Abweichung der gefundenen Einzelwerte bei einer Konzentration über 20 µg/24 Std. maximal 10%, bei Konzentrationen zwischen 10 und 20 µg/24 Std. höchstens 20%. Eine dritte und vierte Dünnschichtchromatographie des Androstendions auf Kieselgel-G in Chloroform-Äther (90:10 v/v) und Benzol-Äthanol (97:3 v/v) brachten keine Änderung der spezifischen Radioaktivität, was für die Spezifität des Verfahrens spricht. Die Empfindlichkeit der Methode wird mit 4 µg/24 Std. angegeben.

Im Harn von 12 gesunden Männern im Alter zwischen 18 und 60 Jahren fand man eine Ausscheidung von 15–90 µg Testosteron/ 24 Std. (Mittel: 40 µg/24 Std.), im Harn von 4 gesunden Frauen zwischen 18 und 63 Jahren dagegen nur 5–12 µg/24 Std.

10. Bestimmung von Testosteron im Harn nach Futterweit et al. [*140*]

Hydrolyse. 100 ml des 24-Stunden-Harns werden mittels 50% Schwefelsäure auf pH 5,0 gebracht, mit 5 ml 0,1 M Acetatpuffer, 4,0 ml Chloroform, 60000 IE β-Glucuronidase (Ketodase, Warner Chilcott, Morris Plains, NJ) und 1,2-^{3}H-Testosteron (0,004 µg, spez. Akt. 153 µc/µg) versetzt und 96 Std. bei 37 °C bebrütet.

Extraktion und Reinigung. Man extrahiert das Hydrolysat zweimal mit je 100 ml und einmal mit 50 ml wasserfreiem Äther, wäscht die vereinigten Extrakte dreimal mit je 15 ml 2 N Natronlauge und einmal mit 7,5 ml Wasser und dampft die Ätherlösung in einem Reagenzglas bei 40–50 °C im Stickstoffstrom zur Trockne ein.

Girard-trennung. Der Rückstand wird mit 100 mg Girard-T-reagenz und 0,5 ml Eisessig 20 min im siedenden Wasserbad erhitzt. Nach Abkühlen im Eisbad gibt man 3 ml 10% Natronlauge in einen vorgekühlten Scheidetrichter, trägt das Reaktionsgemisch ein, wäscht dreimal mit je 5 ml kaltem Wasser nach und schüttelt gründlich. Die wäßrige Phase wird sodann dreimal mit je 15 ml Äther ausgezogen und der Gesamtextrakt mit 10 ml Wasser gewaschen, die der wäßrigen Phase hinzuzufügen sind. Durch Ansäuern der wäßrigen Lösung auf pH 1 mittels konz. Salzsäure und 2–3stündige Einwirkung bei Zimmertemperatur tritt die vollständige Spaltung der Girard-T-derivate ein, die nun durch viermalige Extraktion mit je 1 Vol Äther extrahiert werden können. Es folgt das Ausschütteln der vereinigten Extrakte mit 10 ml 2,5% Natriumcarbonat-lösung und dreimal je 10 ml Wasser. Schließlich dampft man den Äther ab.

Dünnschichtchromatographie auf Kieselgel-G. Harnextrakt und Testosteron-standard werden etwa 3 cm vom unteren Rand einer mit Kieselgel-G beschichteten Platte (20 × 20 cm) mittels Methanol aufgetragen und einer aufsteigenden Chromatographie im Lösungsmittelsystem Benzol-Äthylacetat (3:2 v/v) unterworfen. Nach einer Laufzeit von etwa 70–100 min trocknet man das Chromatogramm bei Zimmertemperatur, legt den Testosteron enthaltenden Abschnitt anhand des im UV-Licht sichtbaren Standardfleckes fest und eluiert nach Abkratzen des Adsorptionsmittels die entsprechende Zone mit Äthylacetat. Das Eluat wird unter Stickstoff zur Trockne eingedampft und ein Zehntel des Extraktes im Packard Tricarb Scintillationszähler zur Messung vorhandener Radioaktivität entnommen.

Gaschromatographie. Für die Gaschromatographie wird eine Stahlsäule (etwa 1,9 × 900 mm) mit 6,8% SE-30 (General Electric Co.) auf Anakrom ABS (110–120 mesh) empfohlen. Die stationäre Phase läßt sich durch Extraktion von 3 g mittels Methylenchlorid im Soxhlet überprüfen. Vor der Herstellung der Säule, die nach der Vakuumtechnik erfolgt, werden Säule, Quarzwolle und Verbindungsstücke mit einer 15% Lösung von Dichlordimethylsilan in Toluol behandelt. Der Vorbehandlung der Säule dient weiter ein längeres Erhitzen (über Nacht) auf 275 °C im Stickstoffstrom. Die besten Ergebnisse werden unter folgenden Arbeitsbedingungen erzielt: Säulentemperatur: 240 °C, Verdampfungstemperatur: 330 °C, Eingangsdruck des Trägergases (Stickstoff): 47 p.s.i.g.

Man löst den Rückstand der neutralen ketonischen Fraktion in 0,2–0,5 ml Aceton mittels eines Vortex Junior Vibrators und überführt ein Aliquot von 0,005–0,025 ml (Hamilton Lambdaspritze) in den Injektor, der einige Minuten an der Luft getrocknet und in einem Ofen 5–10 min bei 75 °C erwärmt wurde. Der Injektor wird dann jeweils 30–40 sec an den Verdampfungsblock gehalten.

Vor jeder Analyse von Harnextrakten, die mit verschiedenen Aliquoten durchzuführen ist, sollten Testosteron (in mehreren Konzentrationen) und 0,025 ml Lösungsmitttel als Leerwert über die Säule gegeben werden. Des weiteren fügt man einer Probe des Harnextraktes 0,02–0,05 µg Testosteron als internen Standard zu.

Die Testosteron entsprechenden Kurvenabschnitte werden planimetrisch ausgewertet. Aus dem täglich neu zu bestimmenden Verhältnis von Flächeneinheiten/µg Testosteron der Standardproben ergibt sich der Gehalt der eingesetzten Harnprobe an Testosteron. Die bei der Aufarbeitung eintretenden Verluste können vermittels der Messung vorhandener Radioaktivität festgestellt und ausgeglichen werden.

Ergebnisse

4 Wiederauffindungsversuche mit je 200 µg Testosteron-glucuronosid, die zu jeweils 100 ml Frauenharn zugesetzt worden waren, ergaben eine Wiederauffindungsrate von 67–98%. Bei einer Mehrfachbestimmung ($n = 8$) von Testosteron in einem Extrakt aus Männerharn betrug die Konzentration von Testosteron 109 ± 7,8 µg/1000 ml, was einer Standardabweichung der Einzelwerte von ±7,0% gleichkommt. Als Unsicherheitsgrenzen für die Verweilzeit des Testosterons wurden ±1,3% angegeben. Obgleich der eingesetzte Flammenionisationsdetektor noch auf 0,01 µg Testosteron anspricht, ist eine quantitative Bestimmung von Konzentrationen unter 15 µg/24 Std. nicht mehr möglich. Die Spezifität der Methode erscheint auf Grund der Dünnschichtchromatographie und der nachfolgenden Gaschromatographie gesichert. Sie wurde durch Überführung der Testosteron-fraktion in das entsprechende Acetat bzw. den Trimethylsilyläther und eine gaschromatographische Analyse der Derivate bestätigt.

11. Trennung neutraler Steroide in die 3α- und die 3β-Hydroxyfraktion nach Butt et al. [81]

Den in einem graduierten Zentrifugenglas befindlichen Trockenrückstand eines Harnextraktes mit 1–1,5 mg 17-Ketosteroiden versetzt man mit 0,5 ml warmer Digitoninlösung (1 g Digitonin in 100 ml 90% [v/v] Äthanol), kocht kurz auf und läßt das verschlossene Glas über Nacht im Kühlschrank stehen. Nun werden 10 ml Äther unter Rühren mit einem Glasstab portionsweise hinzugegeben und die als Flocken ausfallenden Digitonide der 3β-Hydroxy-steroide durch 5minütiges Zentrifugieren bei 2000 bis 3000 U/min sedimentiert. Man dekantiert den Überstand in einen

50-ml-Scheidetrichter, wäscht den Niederschlag dreimal mit je 5 ml Äther, indem man wie zuvor das Lösungsmittel unter Rühren portionsweise zufügt, zentrifugiert und dekantiert und wäscht die vereinigten Ätherauszüge dreimal mit je 5 ml Wasser. Der Äther wird im Vakuum abgedampft und der die 3α-Hydroxysteroide enthaltende Rückstand im Vakuum über Calciumchlorid getrocknet.

Der Rückstand im Zentrifugenglas wird in 5 ml Pyridin aufgenommen, die Lösung 5 min im Wasserbad auf 60–70 °C erhitzt und sogleich unter fließendem Wasser abgekühlt. Man setzt 5 ml Äther in kleinen Portionen und unter stetem Rühren hinzu, zentrifugiert 5 min und dekantiert den Überstand in einen kleinen Scheidetrichter. Die Behandlung des Rückstandes mit Pyridin und Äther wird in gleicher Weise wiederholt und der Rückstand zusätzlich mit zweimal je 5 ml Äther gewaschen. Die vereinigten Ätherauszüge werden zweimal mit je 5 ml 2 N Schwefelsäure und dreimal mit je 5 ml Wasser gewaschen, bevor man die Lösung im Vakuum zur Trockne eindampft und den Rückstand der 3β-Hydroxy-steroide 1 Std. im Vakuum über Calciumchlorid trocknet.

12. Trennung neutraler Steroide in eine ketonische und nichtketonische Fraktion nach Pincus und Pearlman [79]

Der Trockenrückstand der neutralen Steroid-fraktion aus 1000 ml Harn wird in einem Zentrifugenglas im Vakuumexsikkator über Calciumchlorid gründlich getrocknet. Dann gibt man 0,5 ml Eisessig und etwa 100 mg Girard-T-reagenz hinzu, verschließt das Röhrchen und erhitzt das Reaktionsgemisch 20 min auf 90 bis 100 °C, wobei auf Feuchtigkeitsausschluß zu achten ist. Nach dem Abkühlen werden 15 ml Wasser hinzugegeben. Man überführt die Lösung in einen kleinen Scheidetrichter, neutralisiert 9/10 der Essigsäure mittels 10% Natronlauge und extrahiert dreimal mit je 20 ml Äther. Die vereinigten Ätherauszüge werden mit 10 ml Wasser gewaschen, welche zu der wäßrigen Phase hinzuzufügen sind. Diese wird nun mit 3 ml konz. Salzsäure angesäuert, 2 Std. bei Zimmertemperatur stehen gelassen und dreimal mit je 20 ml Äther extrahiert. Es folgt ein Waschen der vereinigten Ätherauszüge mittels 10 ml 2,5% Natriumcarbonatlösung und dreimal je 10 ml Wasser, wobei das letzte Waschwasser neutral sein soll. Die Ätherlösung, welche die ketonischen Steroide enthält, wird schließlich zur Trockne eingedampft.

C_{21}-Steroide

Aus menschlichem Harn ließen sich bisher folgende C_{21}-Steroide isolieren und in ausreichendem Maße identifizieren:

4-Pregnen-17α,20β,21-triol [317]
4-Pregnen-21-ol-3,11,20-trion
(11-Dehydrocorticosteron) [318]
4-Pregnen-11β,21-diol-3,20-dion (Corticosteron) [319]
4-Pregnen 17α,21-diol-3,20-dion (17-Hydroxy-cortexon) [320]
4-Pregnen-20β,21-diol-3,11-dion [321]
4-Pregnen-11β,20α,21-triol-3-on
(20α-Dihydrocorticosteron) [321]
4-Pregnen-11β,20β,21-triol-3-on
(20β-Dihydrocorticosteron) [322]
4-Pregnen-11β,21-diol-3,20-dion-18-al (Aldosteron) [323]
4-Pregnen-17α,21-diol-3,11,20-trion (Cortison) [324]
4-Pregnen-6β,11β,21-triol-3,20-dion
(6β-Hydroxy-corticosteron) [325]
4-Pregnen-11β,17α,21-triol-3,20-dion (Cortisol) [326]
4-Pregnen-17α,20β,21-triol-3,11-dion
(20β-Dihydrocortison) [317, 327]
4-Pregnen-11β,17α,20α,21-tetrol-3-on
(20α-Dihydrocortisol) [328]
4-Pregnen-11β,17α,20β,21-tetrol-3-on
(20β-Dihydrocortisol) [329]
4-Pregnen-6β,11β,17α,21-tetrol-3,20-dion
(6β-Hydroxy-cortisol) [330]
5-Pregnen-3β,20α-diol [253]
5-Pregnen-3β,17α-diol-20-on [331]
5-Pregnen-3β,21-diol-20-on [267]
5-Pregnen-3β,16α,20α-triol [332]
5-Pregnen-3β,17α,20α-triol [332]
16-Pregnen-3α-ol-20-on [333]
Pregnan-3α-ol [334]
Pregnan-3,20-dion [248, 335]
Pregnan-3α-ol-20-on [336]

Pregnan-3α,20α-diol (Pregnandiol) [*337*]
Pregnan-3β,20α-diol [*338*]
Pregnan-3α-ol-11,20-dion [*339*]
Pregnan-21-ol-3,20-dion (Dihydrocortexon) [*340*]
Pregnan-3α,6α-diol-20-on [*262*]
Pregnan-3α,11β-diol-20-on [*333*]
Pregnan-3α,17α-diol-20-on [*341, 342*]
Pregnan-3α,20α-diol-11-on [*339*]
Pregnan-3α,21-diol-20-on (Tetrahydrocortexon) [*343*]
Pregnan-3α,11β,20α-triol [*333*]
Pregnan-3α,17α,20α-triol (Pregnantriol) [*344*]
Pregnan-3α,17α-diol-11,20-dion [*267*]
Pregnan-3α,21-diol-11,20-dion [*343*]
Pregnan-17α,21-diol-3,20-dion [*340*]
Pregnan-3α,11β,21-triol-20-on [*343*]
Pregnan-3α,17α,20α-triol-11-on (Pregnantriolon) [*345*]
Pregnan-3α,17α,21-triol-20-on [*346*]
Pregnan-3α,11β,17α,20α-tetrol [*347*]
Pregnan-17α,21-diol-3,11,20-trion (Dihydrocortison) [*348*]
Pregnan-3α,11β,21-triol-20-on-18-al
(Tetrahydroaldosteron) [*349*]
Pregnan-3β,11β,21-triol-20-on-18-al [*349*]
Pregnan-3α,17α,21-triol-11,20-dion (Tetrahydrocortison) [*348*]
Pregnan-3α,18,21-triol-11,20-dion [*350*]
Pregnan-11β,17α,21-triol-3,20-dion (Dihydrocortisol) [*348*]
Pregnan-3α,11β,17α,21-tetrol-20-on (Tetrahydrocortisol) [*267, 351*]
Pregnan-3α,17α,20α,21-tetrol-11-on (Cortolon) [*352*]
Pregnan-3α,17α,20β,21-tetrol-11-on (β-Cortolon) [*352*]
Pregnan-3α,11β,17α,20α,21-pentol (Cortol) [*352*]
Pregnan-3α,11β,17α,20β,21-pentol (β-Cortol) [*352*]
Allopregnan-3,20-dion [*335*]
Allopregnan-3α-ol-20-on [*336*]
Allopregnan-3β-ol-20-on [*353*]
Allopregnan-3α,20α-diol (Allopregnandiol) [*354*]
Allopregnan-3β,20α-diol [*355*]
Allopregnan-3α,6α-diol-20-on [*262*]
Allopregnan-3β,6α-diol-20-on [*356*]
Allopregnan-3α,17α-diol-20-on [*333*]
Allopregnan-3α,17α,20α-triol (Allopregnantriol) [*347*]
Allopregnan-3α,17α,20β-triol [*347*]
Allopregnan-3α,11β,21-triol-20-on [*343*]

Allopregnan-3α,17α,21-triol-11,20-dion
(allo-Tetrahydrocortison) [357, 358]
Allopregnan-3α,11β,17α,21-tetrol-20-on
(allo-Tetrahydrocortisol) [358]
Allopregnan-3α,17α,20α,21-tetrol-11-on (allo-Cortolon) [359]
Allopregnan-3α,11β,17α,20α,21-pentol (allo-Cortol) [359]
Allopregnan-3α,11β,17α,20β,21-pentol (allo-β-Cortol) [359]

War man bis vor einigen Jahren noch der allgemeinen Ansicht, die Corticosteroide als eigentliche C_{21}-Hormone würden im Harn nur als freie [329, 360, 361], ihre Metaboliten, zuweilen als Corticoide bezeichnet, dagegen als Glucuronoside ausgeschieden, so veränderten jüngste Untersuchungsergebnisse dieses Bild [26, 28]. Zwar wird der größte Teil der im Harn auftretenden Metaboliten durch eine Bebrütung mit β-Glucuronidase in Freiheit gesetzt [13, 45, 362–364], doch fand man kürzlich im Harn nicht nur Corticoid-sulfate, wie z. B. das Disulfat von 21-Hydroxy-pregnenolon [26] oder Sulfate aus der Pregnantriolreihe [28], sondern auch Corticosteron- und Cortisol-sulfat [26]. Ganz allgemein scheinen Ring-A-gesättigte Steroide mit einer 3β-Hydroxy-gruppe und $\triangle^4$-3-Keto-steroide mit einer 20,21-Ketol-seitenkette vornehmlich als 3β-Sulfate bzw. 21-Sulfate eliminiert zu werden, wogegen 3α-Hydroxy-steroide, insbesondere die Metaboliten der Corticosteroide, wie Tetrahydrocortisol oder Tetrahydrocorticosteron praktisch ausschließlich als Glucuronoside im Harn enthalten sind [26, 365–367]. Die Extraktion solcher C_{21}-Steroid-konjugate aus Harn, wie etwa die der bereits isolierten Glucuronoside von Tetrahydrocortison oder Tetrahydrocortisol gelingt mittels der schon im Kapitel der C_{18}- und C_{19}-Steroide erwähnten Methoden: Sättigen des Harns mit 50% (w/v) Ammoniumsulfat und dreimalige Extraktion mit Äther-Äthanol (3:1 v/v) bei neutralem pH [31], Zugabe von 5% (w/v) Natriumchlorid und dreimalige Extraktion mit je 1 Vol n-Butanol bei pH 7 [26] oder aber durch Versetzen des Harns mit 20% (w/v) Ammoniumsulfat und eine einmalige Extraktion mit 3 Vol Äthylacetat oder Tetrahydrofuran bei pH 4 [61]. Für eine Gruppentrennung der gesamten Konjugate in die Fraktionen der Sulfate und Glucuronoside sorgt die Adsorptionschromatographie an Aluminiumoxyd [26, 31–33], während Papierchromatographie [25, 26, 35–38, 116] und Papierelektrophorese [26] einer Auftrennung der einzelnen Fraktionen dienen. Die Lösungsmittelsysteme: Butylacetat-Toluol-Butanol/Methanol-4 N Ammoniak (60:30:10:50:50 v/v) [26], Butylacetat-Toluol-Butanol/Essigsäure-Wasser-Methanol (50:40:10:5:45:50 v/v)

[26], Isoamylalkohol-Hexan/konz. Ammoniak-Wasser (40:10:28: 22 v/v) [275] und Butylacetat-Butanol/Ameisensäure-Wasser (80:20:10:90 v/v) [35] haben sich bei der Papierchromatographie der C_{21}-Steroid-sulfate bewährt.

Zum qualitativen und/oder quantitativen Nachweis der Steroid-konjugate in Lösung oder auf Papier finden Farbreaktionen, wie die Methylenblau-reaktion auf Steroid-sulfate [368] oder die Rhodizonat-reaktion auf Sulfat [39] bzw. die Essigsäure-Schwefelsäure-reaktion [369] oder die Naphtoresorcin-Schwefelsäure-reaktion [370] für Glucuronoside ihre Anwendung.

Die Spaltung der mengenmäßig überwiegenden C_{21}-Steroidglucuronoside erfolgt vorzugsweise durch Bebrütung mit β-Glucuronidase, da bei heißer Säurehydrolyse eine teilweise Zerstörung labiler Verbindungen beobachtet wurde [371–373]. So führt z.B. die heiße Säurehydrolyse zur Entstehung von 17-Desoxy-verbindungen aus 17-Hydroxy-corticosteroiden oder -corticoiden [339]. Es genügen 200–500 IE β-Glucuronidase/ml Harn, um vermittels einer wenigstens zweitägigen, vorzugsweise jedoch länger währenden Inkubation bei 37 °C und einem für das jeweilige Enzympräparat optimalen pH die Glucuronoside praktisch quantitativ zu zerlegen [286, 373–376]. Steroid-sulfate können spezifisch durch Bebrütung mit Sulfatase aus Helix pomatia [51, 52, 377] oder Leber [48, 49] gespalten werden. Die kontinuierliche Extraktion bei pH 1 [42, 286, 378–380] führt gleichfalls zum Erfolg, wogegen die bei C_{19}-Steroiden empfohlene Solvolyse bisher noch keine Anwendung fand. Nach dem bisher Gesagten wird die vollständige Spaltung aller C_{21}-Steroid-konjugate im Harn unter schonenden Bedingungen durch eine fraktionierte Hydrolyse gewährleistet [286, 378–380], die aus enzymatischer Spaltung der Glucuronoside und anschließender Extraktion bei niedrigem pH besteht. Ein routinemäßiger Einsatz von Enzympräparaten mit Sulfatase- und β-Glucuronidase-aktivität [54, 55] ist bisher nicht berichtet worden.

Auf die Hydrolyse der C_{21}-Steroid-konjugate folgt die Extraktion der freigesetzten Verbindungen mit organischen Lösungsmitteln, wobei Wahl und Volumen des Lösungsmittels sowie die Zahl der Extraktionen durch den Verteilungskoeffizienten der gesuchten Substanz bestimmt werden [381, 382]. Aus diesem Grunde verzichtet man auf die Verwendung von Äther, der für die Extraktion von höher polaren C_{21}-Steroiden wie Cortisol aus Harnhydrolysaten in seiner Polarität nicht ausreicht. Statt dessen werden Methylenchlorid, Äthylendichlorid und Chloroform benutzt. Die hierbei oft beobachtete Emulsionsbildung kann durch vorsichtiges

Ausschütteln mit 2 oder 3 Vol des Lösungsmittels gewöhnlich vermieden werden. Die Extraktion von Harnhydrolysaten mit Äthylacetat gestattet dagegen eine vollständige Entfernung selbst polarer C_{21}-Steroide, ohne daß es hierbei zur Bildung von Emulsionen kommt [357, 383]. Auch die Dialyse wird gelegentlich für die Extraktion benutzt, wenngleich ein solches Verfahren für Routineuntersuchungen zu langwierig sein dürfte [379].

Die Reinigung der Extrakte erfolgt zumeist durch Ausschütteln mit einem geringen Volumen verdünnten Alkalis, wobei die Konzentration eine 0,1 N Lösung nicht überschreiten sollte, da sonst Verluste an leicht zersetzlichen Steroiden wie z.B. β-Cortolon eintreten können [384, 385]. Eine Lösungsmittelverteilung zwischen Benzol und Wasser besitzt lediglich für die Reinigung von cortisolhaltigen Extrakten Bedeutung [386, 387]. Genügt eine solche Reinigung unter Umständen für die Gruppenbestimmung von Porter-Silber-chromogenen, so erfordern andere Farbreaktionen, wie die mit Schwefelsäure-Bisulfit auf Pregnandiol [388], eine ausgiebigere Entfernung störender Fremdstoffe. Mit der Gegenstromverteilung [87, 389] steht zwar ein brauchbares Verfahren für die Abtrennung einzelner Verbindungen aus größeren Mengen Harnextrakt zur Verfügung, doch entspricht sie nicht den Anforderungen, die an eine klinische Routinemethode zu stellen sind.

Hier bietet die Chromatographie vielfältige Möglichkeiten. Während die Adsorptionschromatographie an Aluminiumoxyd für eine Reinigung und Abtrennung von Pregnandiol und Pregnantriol [390, 391], nicht aber für empfindliche Corticosteroide [392, 393] in Frage kommt, lassen sich Silicagel [95, 291, 394], Florisil [96, 387, 395] oder Aluminiumsilikat und Aluminiumoxyd-Silikat [248, 261, 286] durchaus verwenden. Bei Florisil [387] stellt die Aktivierung des Adsorbens allerdings eine wichtigere Frage dar. Anstelle der Adsorptionschromatographie benutzt man oft eine Verteilungschromatographie, z.B. an wasserhaltigem Kieselgel [111, 396] oder an Celite [107], welches mit Methanol-Wasser imprägniert wird. In der letzten Zeit wurden weitere Trennverfahren ausgearbeitet, die auf Dünnschichtchromatographie [397 bis 399] oder Gaschromatographie [137, 141, 400–402] beruhen. Obwohl letztere Methoden auf Grund ihrer Wirksamkeit und Schnelligkeit vielversprechend erscheinen, sind sie bisher nur in wenigen Analysenverfahren zu finden. Immerhin stellen die Methoden zur Bestimmung von Pregnandiol [398] und Pregnantriol im Harn mittels Dünnschichtchromatographie [128] eine wertvolle Bereicherung der Steroid-analytik dar. Eine einfache Abtrennung von C_{21}-Steroiden aus Harnextrakten zwecks nachfolgender quantitativer Erfassung läßt sich durch Papierchromatographie erzielen [*82–84, 116, 119*]. Sei es die von ZAFFARONI [*118*] empfohlene Chromatographie mit nichtwäßriger stationärer Phase oder die von BUSH [*100*] entwickelte mit wäßriger stationärer Phase, wo die Equilibrierung des Papiers durch die Gasphase erfolgt. Die Trennung von Gemischen relativ unpolarer C_{21}-Steroide, wie etwa der $C_{21}O_2$- und der $C_{21}O_3$-Steroide [*343, 403–407*] oder höher polarer $C_{21}O_4$- und $C_{21}O_5$-Steroide [*286, 403, 408–413*] stellt heute kein Problem mehr dar. Auch die „reversed phase" Papierchromatographie auf hydrophobiertem Papier oder acetyliertem Papier [*414, 415*] sollte ebenso erwähnt werden, wie der Einsatz von Glasfaser-papier [*416–418*].

Für die quantitative Bestimmung der C_{21}-Steroide stehen Farbreaktionen, fluorometrische und radiochemische Verfahren zur Verfügung, je nach Konzentration und Eigenschaften der zu messenden Steroid-gruppe bzw. des zu erfassenden Steroids. Die quantitative Analyse von Progesteronmetaboliten, insbesondere von Pregnandiol geschieht im allgemeinen vermittels einer Farbreaktion in konzentrierter Schwefelsäure [*419*]. Durch Zusatz von Natriumbisulfit [*420*], Dimethylsulfit [*421*] oder Glykolsulfit [*422*] wird die maximale Absorption des Chromogens bei 425 mµ beträchtlich erhöht.

Auch Pregnantriol als Metabolit des 17α-Hydroxy-pregnenolons (und 17α-Hydroxy-progesterons) läßt sich mittels der Schwefelsäure-reaktion quantitativ bestimmen [*391, 423–425*]. Hier liegt das Absorptionsmaximum dagegen bei 440 mµ. Daneben kann Pregnantriol als 17α,20α-Diol auch einer Oxydation durch Bismuthat [*426*] oder Perjodat [*427*] unterworfen werden, wobei man einmal das entstehende 17-Ketosteroid, zum anderen den gebildeten Acetaldehyd kolorimetrisch erfaßt.

In gleicher Weise reagiert Pregnantriolon mit Perjodat [*427*], so daß die Messung des anfallenden Acetaldehyds eine Bestimmung dieses C_{21}-Steroids gestattet. Außerdem aber benutzt man für die Analyse von Pregnantriolon in Harnextrakten die Fluorescenz in Phosphorsäure [*428–430*], welche hinsichtlich der Empfindlichkeit gewisse Vorteile bietet.

Die Grundlage der quantitativen Bestimmung von anderen C_{21}-Steroiden, vor allem von Corticosteroiden und Corticoiden im Harn, bilden die verschiedenen strukturellen Eigenheiten einzelner Steroide oder Steroid-gruppen. Sämtliche Corticosteroide mit einer 20,21-Ketol-seitenkette reduzieren Tetrazoliumsalze wie Tetrazoliumblausalz zu tiefgefärbten Formazanen, die kolorimetrisch gemessen werden [*431–434*]. Allerdings ist hier die Entfernung anderer reduzierender Substanzen, wie etwa von Katecholaminen oder Kohlehydraten, sowie von nichtketolischen $\triangle^4$-3-Ketosteroiden Voraussetzung für einen ungestörten Nachweis der gesuchten Steroide. Durch geschickte Wahl der Versuchsbedingungen gelingt eine weitgehende Ausschaltung der Farbgebung seitens der Fremdstoffe auf Grund unterschiedlicher Reaktionsgeschwindigkeiten [434–437]. Verwendet man die Tetrazoliumblau-reaktion zum Nachweis von ketolischen C_{21}-Steroiden in Papiereluaten, so ist ein entsprechender Papierleerwert unbedingt erforderlich, da die Elution von Papierstreifen stets die Anwesenheit reduzierenden Materials mit sich bringt. Es besteht jedoch auch die Möglichkeit einer Reaktion der 20,21-Ketole mit Tetrazoliumsalz auf dem Papier und der Elution des gebildeten Formazans nach Waschen des Streifens [435]. Als Basen haben sich Alkali [431], Tetramethylammoniumhydroxyd [432] und Cholin [433] bewährt.

17α-Hydroxy-20,21-ketole (17-Hydroxy-corticosteroide und -corticoide, 17–OH–CS) geben mit Phenylhydrazin in Schwefelsäure die bekannte Porter-Silber-reaktion [75] mit einem Absorptionsmaximum bei 410 mμ. Diese Reaktion, deren Mechanismus inzwischen aufgeklärt wurde [438], gilt als verhältnismäßig spezifisch. Störungen durch unspezifische Fremdstoffe, die insbesondere bei Verwendung von Butanolextrakten beobachtet werden [439], können durch Anwendung der Korrektionsformel nach ALLEN wohl zwar teilweise ausgeglichen werden [440], doch erscheint eine ausgiebigere Reinigung von Extrakten, sei es durch Lösungsmittelverteilung [387] oder durch Einschalten einer einfachen Adsorptionschromatographie [387, 395, 441], durchaus angebracht. Auch ein Waschen des Harns mit Tetrachlorkohlenstoff oder Petroläther soll die Spezifität der Porter-Silber-reaktion erhöhen [442].

Läßt man Natriumbismuthat in essigsaurer Lösung auf 17α-Hydroxy-20,21-ketole, 17α-20,21-Triole und 17α,20-Diole einwirken, so wird die Seitenkette abgespalten unter Entstehung von leicht analysierbaren 17-Ketosteroiden [148]. Um auch 17α-Hydroxy-20-ketone in eine solche Reaktion einzubeziehen, bedarf es einer vorherigen Reduktion der 20-Keto-gruppe mittels Natrium-, borhydrid [443]. Es liegt auf der Hand, daß eine derartige Bestimmung von 17α-Hydroxy-C_{21}-steroiden durch Anwesenheit von Fremdstoffen wie Glucose beeinträchtigt wird. Ein Überschuß von Natriumbismuthat begegnet dieser Störung [444, 445]. Des weiteren bleiben hohe Chloridkonzentrationen im Harn nach Zugabe von Harnstoff ohne nachteilige Folgen auf die Oxydation durch Bismuthat [446]. Da die Konzentration der sogenannten 17-ketogenen C_{21}-Steroide sich aus der Differenz der 17-Ketosteroidspiegel vor und nach Oxydation mit Natriumbismuthat ergibt, führen Fehler bei der Bestimmung der 17-Ketosteroide wie etwa durch unterschiedliche Chromogenität der einzelnen 17-Ketosteroide oder die Gegenwart größerer Mengen an Dehydroepiandrosteron [447] zu unrichtigen Ergebnissen. Eine Reduktion mit Natriumborhydrid vor der Oxydation mit Natriumbismuthat sorgt für den Ausschluß der nativen 17-Ketosteroide und erlaubt die Analyse der gesamten 17α-Hydroxy-C_{21}-steroide. Die Dauer der Oxydation hängt offenbar von der Güte des verwendeten Natriumbismuthats ab [448]. Die in Papiereluaten von Chromatogrammen oft enthaltenen Glykole verhindern naturgemäß eine Anwendung der Norymberski-reaktion. Führt man die Oxydation von C_{21}-Steroiden mit Perjodat durch, so entstehen aus 20,21-Ketolen, 17α-Hydroxy-20,21-ketolen und 20,21-Diolen C_{20}-Säuren unter Abspaltung von Formaldehyd, der als quantitatives Maß ursprünglich vorhandener Steroide gelten darf [449–452]. 17α,20,21-Triole und 17α,20-Diole dagegen liefern unter den gleichen Reaktionsbedingungen 17-Ketosteroide [453], die mittels der Zimmermannreaktion nachweisbar sind. Eine Behandlung von Harnextrakten mit Natriumborhydrid, gefolgt von der oxydativen Entfernung der Seitenkette mittels Perjodat entspricht einer Spaltung mit Bismuthat und kann daher zur Bestimmung von 17α-Hydroxy-C_{21}-steroiden herangezogen werden [454]. Der Vorteil letzterer Methode besteht in der Möglichkeit eines Verzichts auf die heiße Säurehydrolyse der Konjugate, welche bekanntlich die Bildung von Artefakten begünstigt und auf Grund der unterschiedlichen Chromogenität einzelner 17-Ketosteroide eine quantitative Aussage erschwert.

Die Anwendung der Fluorometrie von Corticosteroiden verlangt eine weitgehende Reinigung biologischer Extrakte und blieb bislang hauptsächlich auf die Bestimmung von Corticosteroiden in Plasma beschränkt. Doch sei auf die fluorometrische Bestimmung von Aldosteron [417, 455, 456], gegebenenfalls durch direkte Auswertung von Papierchromatogrammen [457, 458] hingewiesen, die in Harnextrakten einen empfindlichen Nachweis von Aldosteron zuläßt. Da die Konzentration letzteren C_{21}-Steroids im Harn nur einige µg/24 Std. beträgt, beruhen etliche Methoden zur Bestimmung von Aldosteron jedoch auf der Verwendung von isotopenmarkiertem Steroid bzw. der Überführung isolierten Materials in ein geeignetes, isotopenmarkiertes Derivat, so daß eine zuverlässige Abschätzung der Konzentration vermittels einfacher oder doppelter Isotopenverdünnung gelingt [459, 460].

Pregnandiol und Pregnantriol

Pregnan-3α,20α-diol (Pregnandiol) ist als das wichtigste Stoffwechselprodukt von Progesteron anzusehen, wenn auch nur 5–17% injizierten Progesterons im Harn als Pregnandiol auftreten [463]. Was die Analyse von Pregnandiol im Harn angeht, so bestanden die ersten Methoden aus einer gravimetrischen Bestimmung von Pregnandiol-glucuronosid [464] oder dem daraus abgespaltenen freien Pregnandiol [465] bzw. der dabei anfallenden Glucuronsäure [466]. Neue Möglichkeiten eröffnete dann die Schwefelsäurereaktion, die im Verein mit einer ausgiebigeren Reinigung der Harnextrakte, insbesondere durch Chromatographie an Aluminiumoxyd [467, 468] oder Silicagel [469] die spezifische Messung des gesuchten Steroids erlaubt. Da Pregnandiol als verhältnismäßig beständiges C_{21}-Steroid gilt, ist die Hydrolyse seines Konjugats, des Pregnandiol-glucuronosids, mittels konventioneller heißer Säurehydrolyse oder enzymatischer Spaltung durchführbar. Eine wirkungsvolle Reinigung von Harnextrakten bringt außer einem Waschen mit Alkali die Behandlung des Harnextraktes mit alkalischem Permanganat [390]. Von den chromatographischen Verfahren zur Abtrennung des Pregnandiols haben sich die Adsorptionschromatographie an Aluminiumoxyd [390, 467] oder Silicagel [468], die Papierchromatographie [420, 470], wie auch Dünnschicht- [128] oder Gaschromatographie [139] bewährt. Da sich die meisten Nachweismethoden für Pregnandiol der Schwefelsäurereaktion [469], gegebenenfalls unter Zusatz von Natriumbisulfit [420] oder Glykolsulfit [422], bedienen, bestehen nur geringfügige Unterschiede hinsichtlich ihrer Empfindlichkeit. Die Spezifität der einzelnen Verfahren, die naturgemäß von den benutzten chromatographischen Schritten abhängt, erscheint bei der von KLOPPER [390] entwickelten Bestimmungsmethode besonders gesichert. Wird doch hier nach heißer Säurehydrolyse, Extraktion und Reinigung des Toluol-extraktes durch Ausschütteln mit Alkali und alkalischem Permanganat eine zweifache Adsorptionschromatographie des Pregnandiols an Aluminiumoxyd, einmal nach Überführung des Steroids in sein Diacetat vorgenommen. Anstelle der Säurehydrolyse und einer Chromatographie an Aluminiumoxyd verwenden GOLDZIEHER und NAKAMURA [468] die enzymatische Zerlegung von Pregnandiol-glucuronosid und eine Adsorptionschromatographie an einfachen Säulen aus Silicagel, welche die Abtrennung von Pregnandiol bzw. Pregnandioldiacetat sowie von Pregnantriol gewährleistet. Die Endpunktbestimmung in Schwefelsäure, die mit Schwefeldioxyd gesättigt wurde, kommt dem Bedürfnis einer empfindlicheren Farbreaktion etwas entgegen.

MARTIN u. a. [470] trennen Pregnandiol und Pregnantriol im Anschluß an enzymatische Hydrolyse, Extraktion mit Methylenchlorid und Reinigung des Extraktes mit Alkali auf papierchromatographischem Wege und bestimmen die isolierten Steroide mit der Schwefelsäure-Bisulfit-reaktion. Verglichen mit den hier genannten Bestimmungsmethoden besitzt eine gaschromatographische Analyse von Pregnandiol im Harn nach TURNER u. a. [139] den Vorteil größerer Empfindlichkeit und Schnelligkeit, läßt jedoch hinsichtlich der Spezifität zu wünschen übrig, weil eine ausreichende Trennung von Pregnandiol und Allopregnandiol unter den beschriebenen Reaktionsbedingungen nicht gelingt.

Nach neueren Anschauungen darf Pregnantriol als Metabolit von 17-Hydroxy-pregnenolon [21] und 17-Hydroxy-progesteron [471] gelten. Ebenso wie das später zu nennende Pregnantriolon gehört Pregnantriol zu den 17,20-Diolen, deren Bestimmung im Falle einer Nebennierenrinden-überfunktion von Interesse ist. Die Freisetzung von Pregnantriol aus seinen Konjugaten geschieht zumeist durch enzymatische Hydrolyse. Extraktion und Reinigung der Extrakte folgen bewährten Vorschriften, während die Abtrennung des Steroids durch Adsorptionschromatographie an Aluminiumoxyd [423–425], Silicagel [468] oder Florisil [426], durch Papierchromatographie [404, 470] oder Dünnschichtchromatographie [128] bewerkstelligt wird. Gegenüber dem Absorptionsspektrum von Pregnandiol weist das des Pregnantriols eine Verschiebung des Absorptionsmaximums von etwa 425 mµ auf 440 mµ auf. Im allgemeinen wird die Schwefelsäure-reaktion zur quantitativen Messung des Pregnantriols [468, 470] benutzt. Des weiteren ist die oxydative Spaltung von Pregnantriol mittels Perjodat [427] oder Bismuthat [426, 472] für eine quantitative Analyse von Bedeutung, wobei jedoch die Erfassung des gebildeten Acetaldehyds einer Bestimmung des entstehenden 17-Ketosteroids aus Gründen der Empfindlichkeit vorzuziehen ist. Von den verschiedenen Methoden, die sich im Laufe der Jahre durchgesetzt haben, wurden zwei bereits bei der Beschreibung der Analyse von Pregnandiol erwähnt. Die Bestimmung von Pregnantriol im Harn nach FOTHERBY und LOVE [424] geschieht nach enzymatischer Hydrolyse, Extraktion, Reinigung des Extraktes und Adsorptionschromatographie an Aluminiumoxyd vermittels der Schwefelsäure-reaktion. Das von Cox [427] beschriebene Verfahren, welches zugleich der Analyse von Pregnantriol dient, schließt eine andere Endpunktbestimmung ein, nämlich den oxydativen Abbau von Pregnantriol zu Aetiocholanolon mit Perjodat und die Messung entstehenden Acetaldehyds mit 4-Oxydiphenyl. Für die rasche Abtrennung von Pregnantriol aus Harnextrakten eignet sich auch die Dünnschichtchromatographie auf Aluminiumoxyd, wie STARKA und MALIKOVA [128] zeigten. Die Endpunktbestimmung erfolgt hier im Anschluß an die Elution des Pregnantriolfleckes wiederum durch die Schwefelsäure-reaktion.

Die angegebenen Methoden unterscheiden sich nur unwesentlich voneinander, was die Zuverlässigkeitskriterien angeht.

1. Bestimmung von Pregnandiol im Harn nach Klopper et al [390]

Hydrolyse, Extraktion und Reinigung. 0,05 Vol des 24-Stunden-Harns werden mit Wasser auf 150 ml aufgefüllt und mit 50 ml Toluol im 500-ml-Rundkolben zum Sieden gebracht. Man gibt durch den Rückflußkühler 15 ml konz. Salzsäure und kocht 10 min unter Rückfluß. Das Hydrolysat wird im Scheidetrichter abgetrennt, nochmals mit 50 ml Toluol extrahiert und der Gesamtextrakt mit 25 ml 25% Natriumchlorid in 1 N Natronlauge gewaschen. Anschließend schüttelt man die Toluollösung 10 min mit 25 ml einer frisch bereiteten Lösung von 4% Kaliumpermanganat in 1 N Natronlauge, wäscht mit Wasser bis zum Verschwinden der Permanganatfarbe, filtriert durch Whatman Papier Nr. 1 und engt bis auf etwa 10 ml ein.

Adsorptionschromatographie an Aluminiumoxyd. Handelsübliches Aluminiumoxyd wird durch 10–14tägiges Aufbewahren in wasserdampfgesättigter Atmosphäre desaktiviert und auf seine Adsorptionsfähigkeit für Pregnandiol und Pregnandioldiacetat geprüft, indem man die aus 3 g Aluminiumoxyd bestehenden und in Benzol hergestellten Säulen nach Aufbringen des Pregnandiols in Toluol mit 0,8% (v/v) Äthanol in Benzol und 3% Äthanol in Benzol eluiert und feststellt, mit wieviel ml der erstgenannten Lösung Pregnandiol bis zum unteren Säulenrand wandert, bzw. mit wieviel ml des zweiten Lösungsmittelgemischs Pregnandiol vollständig eluiert werden kann. In gleicher Weise standardisiert man die Elution von Pregnandioldiacetat unter Verwendung von Petroläther und Benzol als Lösungsmittel. Zur Chromatographie des Harnextraktes wird die Toluollösung auf die mit Benzol zubereitete Säule (1 × 12 cm, mit Glasfritte G-3 und 50-ml-Vorratsgefäß) aus 3 g Aluminiumoxyd aufgebracht. Man eluiert mit 25 ml 0,8% Äthanol in Benzol und dann mit 12 ml 3% Äthanol in Benzol. Letztere Fraktion wird unter Stickstoff zur Trockne eingedampft.

Acetylierung. Der Rückstand wird in 2 ml Benzol gelöst, mit 2 ml Acetylchlorid versetzt und 1 Std. bei Zimmertemperatur stehengelassen. Man verdünnt mit 25 ml Petroläther, überführt in einen Scheidetrichter und wäscht der Reihe nach mit je 25 ml Wasser, 8% Natriumbicarbonatlösung und Wasser.

Adsorptionschromatographie des Pregnandioldiacetats an Aluminiumoxyd. Die Petrolätherlösung wird auf eine mit Petroläther zubereitete Säule aus 3 g Aluminiumoxyd gegeben, die man anschließend mit etwa 15 ml Benzol eluiert, wobei die erforderlichen Volumina der benutzten Lösungsmittel an einer Probesäule zu ermitteln sind. Die in einem Reagenzglas aufgefangene Benzollösung wird zur Trockne eingedampft.

Farbreaktion. Man löst den Rückstand in etwa 10 mg Natriumsulfat und 10 ml konz. Schwefelsäure, läßt über Nacht in einem Wasserbad von 25 °C stehen und mißt die Absorption bei 425 mµ gegen einen entsprechenden Reagenzienleerwert. Aus der Absorption geeigneter Standardlösungen von Pregnandioldiacetat läßt sich die in der Harnprobe enthaltene Menge an Pregnandiol ermitteln.

Ergebnisse

In 70 Wiederauffindungsversuchen mit Pregnandiol-konzentrationen über 0,5 mg/24 Std. betrug die Wiederauffindungsrate 94%, während die Standardabweichung der Einzelwerte im Verlauf von Mehrfachbestimmungen ±11% ausmachte. Als Empfindlichkeit werden 0,5 mg/24 Std. angegeben. Die Spezifität der Methode beruht auf einer zweifachen Chromatographie der gesuchten Substanz, davon einmal der eines Derivats. Inwieweit die gleichfalls in eine solche Farbreaktion eingehenden Isomeren durch die wiederholte Chromatographie ausgeschaltet werden, läßt sich nicht sagen.

Ausgiebige klinische Untersuchungen ergaben eine Schwankung der Pregnandiolwerte im Harn gesunder Frauen zwischen 1 und 5 mg/24 Std. je nach Cyclusphase.

2. Bestimmung von Pregnandiol im Harn nach Turner et al [139]

Hydrolyse. Die in Harnproben enthaltenen Pregnandiol-konjugate werden durch 10 min Kochen unter Toluol mit 0,15 Vol konz. Salzsäure oder 24stündige Bebrütung mit 1000 E β-Glucuronidase/ml Harn (Ketodase, Warner Chilcott Co., Morris Plains, NJ) bei pH 4,6 und 37 °C quantitativ gespalten.

Extraktion und Reinigung. Das Hydrolysat wird dreimal mit je 10 ml Toluol/100 ml Harn extrahiert und der Gesamtextrakt zur Trockne eingedampft.

Gaschromatographie. 0,002–0,01 ml des in 2 ml Äthanol aufgenommenen Harnextraktes bringt man auf die Glassäule (etwa 4 × 180 cm), deren Füllung aus 2% Silikonkautschuk (Nr. 287-108-949, Silicone Products Div. der General Electric Co., Waterford, NY) mit 50 Mol% Cyanäthylpolysiloxan auf Gas-Chrom P (100–120 mesh) besteht. Als Detektor verwendet man einen Argon-Ionisationsdetektor. Die Säulentemperatur soll 205 °C, der Eingangsdruck 12 p.s.i. (pounds/square-inch), das Austrittsvolumen 45 ml/min, die Temperatur des Verdampfers 275 °C und die Spannung des Detektors 1000 Volt betragen. Unter diesen Versuchsbedingungen beläuft sich die Retentionszeit von Pregnandiol auf etwa 10–12 min. Die für Pregnandiol erhaltene spezifische Kurve wird planimetrisch ausgewertet und mit den Flächeneinheiten entsprechender Standards von 0,25. 0,5 und 1,0 mg Pregnandiol/ml Äthanol verglichen.

Ergebnisse

Wiederauffindungsversuche mit Pregnandiol, das in Form von Na-Pregnandiol-glucuronosid (5 mg/L) zu 100–700 ml Harn zugesetzt wurde, erbrachten eine Wiederauffindungsrate von 86,4–96,6%. Bei Anwendung der heißen Säurehydrolyse bewegte sich die Wiederauffindungsrate zwischen 69 und 95%. Doppelbestimmungen bei einer Pregnandiol-konzentration von weniger als 1 mg/100 ml Harn ergaben eine Abweichung der Einzelwerte um maximal 4%, bei einer Konzentration von rund 1,8 mg/100 ml Harn um maximal 6%. Die Empfindlichkeit der Methode liegt bei 0,25 mg/24 Std. Hinsichtlich ihrer Spezifität muß allerdings festgestellt werden, daß Allopregnandiol und Pregnanolon eine ähnliche Retentionszeit besitzen und gegebenenfalls miterfaßt werden. Die Verwendung einer Säule mit 2% SE-30 (General Electric Co) gestattet jedoch auch eine Abtrennung dieser störenden Verbindungen.

3. Bestimmung von Pregnandiol (und Pregnantriol) im Harn nach Goldzieher und Nakamura [468]

Hydrolyse. 20 ml Harn werden in einem mit Schliffstopfen versehenen Zentrifugenglas (35 × 180 mm) mit 5 N Schwefelsäure oder 10% Natronlauge auf pH 4,5 gebracht, mit 2 ml 1 M Acetatpuffer von pH 4,5 und 6000 IE β-Glucuronidase (Ketodase, Warner

Chilcott, Morris Plains, NJ) versetzt und 18–24 Std. bei 37 °C bebrütet.

Extraktion und Reinigung. Man schüttelt das Hydrolysat mit 20 ml Chloroform, zentrifugiert 15 min bei 2500 U/min und überführt die Chloroformschicht in einen 125-ml-Erlenmeyerkolben. Nach einer zweiten Extraktion des Hydrolysats mit 20 ml Chloroform, wobei diesmal das Hydrolysat verworfen wird, wäscht man den gesamten Chloroformextrakt im Zentrifugenglas einmal mit 15 ml 0,1 N Natronlauge und einmal mit 15 ml Wasser. Der Extrakt wird mit etwa 10 g Natriumsulfat getrocknet, nach 15 min Stehens unter gelegentlichem Umschütteln durch Whatman Papier Nr. 1 in einen 125-ml-Erlenmeyerkolben filtriert und nach dreimaligem Nachwaschen mit Chloroform im Wasserbad von 45 °C unter einem Luftstrom zur Trockne eingedampft, wobei man die Wand des Kolbens mehrmals mit etwas Chloroform abspült. Der Rückstand wird schließlich mit wenig Chloroform in ein 10-ml-Meßkölbchen überführt und mit Benzol auf 10 ml aufgefüllt.

Adsorptionschromatographie an Silicagel. Die Chromatographiesäulen bestehen aus einem Glasrohr von 8 mm Durchmesser und einer Länge von 35 cm, dessen unteres Ende zu einer feinen Kapillare ausgezogen und zugeschmolzen wird. Zur Herstellung der Silicagel-säule füllt man mit 2 ml Benzol, bringt einen Wattepfropfen ein und gibt dann eine Suspension von 1 g Silicagel (Davison Chemical Co., Nr. 923, 100–200 mesh) in 3 ml Benzol mittels Tropfpipette auf die Säule. Während des Absetzens ist durch ständiges leichtes Klopfen der Glaswand für eine gleichmäßige Verteilung des Adsorptionsmittels zu sorgen. Dann bricht man die Kapillare ab und läßt das mit einer Tropfgeschwindigkeit von 1 Tropfen pro Sekunde ausfließende Benzol ab. Es wird nun ein höchstens 5 ml betragendes Aliquot des Harnextraktes vorsichtig auf die Säule gebracht, mit maximal 6 ml Benzol nachgespült und anschließend mit 0,5–1 ml der zweiten, aus 10 ml einer 25% (v/v) Lösung von Äthylacetat in Benzol bestehenden Fraktion gewaschen, bevor man mit dem Rest der zweiten Phase eluiert. Erst die dritte Fraktion, die aus 7 ml 50% (v/v) Äthylacetat in Benzol besteht, enthält das gesuchte Pregnandiol, während mit weiteren 10 ml Äthylacetat Pregnantriol eluiert werden kann.

Acetylierung. Die Pregnandiol enthaltende Fraktion wird bei 45 °C im Luftstrom zur Trockne eingedampft, der Rückstand mit 1,0 ml frisch destilliertem Essigsäureanhydrid versetzt und nach vollständiger Lösung im Aluminiumblock oder Sandbad auf 100 °C erhitzt. Wenn das Essigsäureanhydrid im Verlauf 1 Std. nicht verdampft ist, fügt man 0,5 ml Äthanol hinzu und bringt die

Lösung im Luftstrom zur Trockne. (Unter Umständen erfordert die Acetylierung eine Zugabe von 1 Tropfen Pyridin und eine längere Einwirkung des Reagenzes [über Nacht], bevor man mit dem Verdampfen beginnt.)

Adsorptionschromatographie des Pregnandioldiacetats an Kieselgel. Auf die wie zuvor zubereiteten Säulen aus Silicagel bringt man den in Benzol gelösten Rückstand von Pregnandioldiacetat, wäscht mit etwas Benzol nach, wobei die gesamte Benzol-fraktion 5 ml nicht übersteigen soll, und eluiert mit 2 ml 5% (v/v) Äthylacetat in Benzol. Die nächsten 5 ml 5% Äthylacetat in Benzol enthalten das gesamte Pregnandioldiacetat und werden bei 45 °C im Luftstrom abgedampft.

Farbreaktion. Zu dem Rückstand von Pregnandioldiacetat, wie auch dem der Pregnatriol-fraktion werden 4,0 ml Schwefelsäure-Sulfit-reagenz aus einer Bürette hinzugegeben (200–300 ml konz. Schwefelsäure werden 30 min mit SO_2 bei einer Blasengeschwindigkeit von 2–3 Blasen/sec begast). Man erwärmt die mit Schliffstopfen versehenen Röhrchen 4 min im siedenden Wasserbad, kühlt ab in Eiswasser und mißt die Absorption der Pregnandioldiacetat enthaltenden Probe bei 395, 430 und 465 mµ, bzw. die des Pregnantriols bei 400, 435 und 470 mµ gegen einen Reagenzienleerwert, der aus Eluaten einer Leersäule hergestellt wird. Aus der korrigierten Absorption der Harnproben:

und
$$Abs._{430} \text{ korr.} = 2 \times Abs._{430} - Abs._{395} - Abs._{465}$$
$$Abs._{435} \text{ korr.} = 2 \times Abs._{435} - Abs._{400} - Abs._{470}$$

sowie der von 50 µg Pregnandiol bzw. 25 µg Pregnantriol ergibt sich die Konzentration der unbekannten Proben an Pregnandiol bzw. Pregnantriol.

Ergebnisse

In 32 bzw. 17 Wiederauffindungsversuchen mit 25 µg Pregnandiol oder Pregnantriol, die zum Rückstand von Chloroformextrakten hydrolysierten Harns hinzugesetzt worden waren, konnten $99,3 \pm 8,6\%$ bzw. $101,2 \pm 3,9\%$ zugefügten Materials erfaßt werden. 18 Doppelbestimmungen von Pregnandiol in einem Konzentrationsbereich von 0,03–1,00 mg/24 Std. ergaben eine durchschnittliche Abweichung der Einzelwerte um $0,12 \pm 0,107$ mg/24 Std. Im Konzentrationsbereich von 1,7–10,9 mg/24 Std. belief sich der entsprechende Unterschied der Einzelbestimmungen auf $0,15 \pm 0,16$ mg/24 Std. Ähnliche Ergebnisse wurden für Pregnantriol erhalten: in einem Konzentrationsbereich von 0,10–0,85 mg/

24 Std.: 0,04 ± 0,01 mg/24 Std. ($n = 10$) und im Konzentrationsbereich von 1,1–3,5 mg/24 Std.: 0,12 ± 0,09 mg/24 Std. ($n = 9$). Die Empfindlichkeit der Methode, die aus den Angaben über ihre Genauigkeit abgeleitet werden kann, liegt bei 0,19 mg/24 Std. für Pregnandiol bzw. 0,02 mg/24 Std. für Pregnantriol. Was die Spezifität anbetrifft, so ließen eingehendere Untersuchungen erkennen, daß mittels der angeführten Methode eine gleichzeitige Erfassung von Pregnan-3α,20β-diol und den isomeren Allopregnandiolen nicht ausgeschlossen werden kann. Die zweifache Chromatographie, davon eine mit dem Diacetat der entsprechenden Fraktion, gewährleistet jedoch eine ausreichende Spezifität für 3,20-Diole. Demgegenüber ist die Spezifität für Pregnantriol als geringer einzuschätzen, wenn auch der Beitrag störender C_{21}-Steroide, wie etwa Allopregnan-3β,17α,20β-triol oder 5-Pregnen-3β,17α,20α-triol durch unterschiedliche Polarität und Farbgebung in der benutzten Reaktion etwas eingeschränkt wird.

4. Bestimmung von Pregnandiol (und Pregnantriol) im Harn nach Martin et al [470]

Hydrolyse. 25 ml des 24-Stunden-Harns werden auf pH 5,0 gebracht, mit 5 ml 0,1 M Acetatpuffer von pH 5,0 und 5 ml Ketodase (Warner Chilcott Co., Morris Plains, NJ) versetzt und 48 Std. bei 37 °C bebrütet.

Extraktion und Reinigung. Man extrahiert mit 35 ml Methylenchlorid, wäscht den Extrakt mit 5 ml 1,0 N Natronlauge und 5 ml Wasser, trocknet über 2 g Natriumsulfat und dampft 28 ml des Extraktes nach Zugabe von einem Tropfen Eisessig im Vakuum bei 60 °C zur Trockne ein.

Papierchromatographie. Der Rückstand sowie zwei Standards Pregnandiol und Pregnantriol werden quantitativ auf Schleicher und Schüll Papier Nr. 2041 aufgetragen und im Lösungsmittelsystem Petroläther-Benzol/Methanol-Wasser (33:17:40:10 v/v) chromatographiert. Nach Trocknen des Papierchromatogramms schneidet man die Streifen mit den beiderseits der Harnprobe gelaufenen Standardlösungen ab, taucht sie in eine Lösung von 4 g Phosphomolybdänsäure in 100 ml Äthanol, preßt ab und erhitzt 5 min auf 80 °C. Anhand der Farbflecke von Pregnandiol- und Pregnantriol-standard werden die entsprechenden Abschnitte des Versuchschromatogramms festgelegt, ausgeschnitten und 3 Std. mit 5 ml Methanol sowie zweimal je 15 min mit jeweils 5 ml Methanol eluiert. Die Eluate werden schließlich im Luftstrom zur Trockne eingedampft.

Farbreaktion. Der Rückstand der pregnandiolhaltigen Probe wird in 2 ml Schwefelsäure-Bisulfit-reagenz (50–60 g Natriumbisulfit in 200 ml konz. Schwefelsäure), die das Pregnantriol enthaltende Probe in 10 ml konz. Schwefelsäure gelöst, 4 min im siedenden Wasserbad (bzw. 30–120 min bei Zimmertemperatur) stehengelassen und nach 20 minütigem Abkühlen gegen einen entsprechenden Papierleerwert photometriert. Die Messung erfolgt bei 390, 425 und 460 mµ für Pregnandiol und bei 410, 440 und 470 mµ für Pregnantriol. Nach Korrektur der maximalen Absorption:

$$\text{Abs.}_{425}\,\text{korr.} = \text{Abs.}_{425} - \frac{\text{Abs.}_{390} + \text{Abs.}_{460}}{2}$$

bzw.

$$\text{Abs.}_{440}\,\text{korr.} = \text{Abs.}_{440} - \frac{\text{Abs.}_{410} + \text{Abs.}_{470}}{2}$$

wird die Konzentration von Pregnandiol und Pregnantriol anhand der korrigierten Absorption von entsprechenden Standardlösungen (10–40 µg) errechnet.

Ergebnisse

Bei 38 Wiederauffindungsversuchen mit 20 µg Pregnandiol bzw. 48 Bestimmungen von jeweils 10 µg Pregnantriol betrug die Wiederauffindungsrate $81 \pm 11,5\%$ für Pregnandiol und $76 \pm 10,5\%$ für Pregnantriol. Im Verlauf von Doppelbestimmungen belief sich die durchschnittliche Abweichung der Einzelwerte auf $0,42 \pm 0,48$ mg/24 Std. für Pregnandiol und $0,3 \pm 0,40$ mg/24 Std. für Pregnantriol. Die Empfindlichkeit der Methode wird mit 0,25 mg/24 Std. angegeben, kann aber durch Einsatz größerer Harnproben erhöht werden. Die Spezifität des Verfahrens beruht lediglich auf einer einmaligen Papierchromatographie, die keine vollständige Entfernung der entsprechenden Isomeren gestattet. Allerdings lassen die Ergebnisse, die bei der Untersuchung der genannten Steroide im Harn gesunder und kranker Personen erhalten wurden, die Brauchbarkeit der Methode für das klinisch-endokrinologische Laboratorium erkennen. Im Harn von 6 gesunden Männern und 9 gesunden Frauen im Alter zwischen 20 und 40 Jahren fand man 0,4–2,1 bzw. 0,2–4,9 mg Pregnandiol/24 Std. und 0,6–1,7 bzw. 0,2–2,1 mg Pregnantriol/24 Std.

5. Bestimmung von Pregnantriol im Harn nach Fotherby und Love [*424*]

Hydrolyse. 25 ml des 24-Stunden-Harns werden mit Essigsäure auf pH 4,7 gebracht, mit 2,5 ml 5 M Acetatpuffer von pH 4,7 versetzt und mit 10 mg eines β-Glucuronidase-präparates ($2 \times 10^6 - 2{,}5 \times 10^6$ E/g) aus Schnecken über Nacht bei 37 °C bebrütet.

Extraktion und Reinigung. Das Hydrolysat wird einmal mit 50 ml Benzol extrahiert, der Extrakt mit 15 ml 0,1 N Natronlauge in 25% Kochsalzlösung und zweimal je 15 ml Wasser gewaschen und zentrifugiert, um überschüssiges Wasser zu entfernen.

Adsorptionschromatographie an Aluminiumoxyd. 40 ml des Benzolextraktes bringt man auf die mit Benzol zubereitete Säule (1 cm Durchmesser, mit einer 1,7 cm langen Auslaufkapillare von 0,32 mm Durchmesser, die einen Austritt von 60 ml/Std. erlaubt) aus 3 g desaktiviertem Aluminiumoxyd (Savory and Moore, Ltd. London: 100–150 mesh, in wasserdampfgesättigter Atmosphäre aufbewahren, bis der Gewichtsverlust nach 18stündigem Erwärmen auf 100 °C 3,5% beträgt), eluiert nach Durchlaufen des Benzols zunächst mit 20 ml 3% (v/v) Äthanol in Benzol und dann mit 20 ml 5% (v/v) Äthanol in Benzol. Letztere Fraktion wird im Vakuum zur Trockne eingedampft.

Farbreaktion. Der Rückstand wird in 3 ml konz. Schwefelsäure gelöst, die Lösung 2 Std. auf 25 °C erwärmt und anschließend bei 400, 435 und 470 mμ photometriert. Aus der nach folgender Formel korrigierten Absorption bei 435 mμ von Harnextrakt und Standard errechnet man den Gehalt des Harnextraktes an Pregnantriol.

$$\text{Abs.}_{435} \text{ korr.} = \text{Abs.}_{435} - \frac{\text{Abs.}_{400} + \text{Abs.}_{470}}{2}.$$

Ergebnisse

Bei jeweils 9 bzw. 13 Wiederauffindungsversuchen mit 5, 10 und 20 μg Pregnantriol, die zu Harnproben adrenalektomierter Patienten bzw. zu Normalharn zugesetzt worden waren, fand man $84 \pm 10{,}5$, 84 ± 5 und $84 \pm 9\%$ bzw. $84 \pm 13{,}5$, $89 \pm 7{,}5$ und $87 \pm 7\%$ des zugefügten Materials in den Endextrakten. 120 Doppelbestimmungen ließen eine Standardabweichung der Einzelwerte vom Mittel um 0,06 mg/24 Std. erkennen. Was die Empfindlichkeit der Methode anbetrifft, so konnten von 10 μg Pregnantriol, welche 200 ml Harn adrenalektomierter Patienten zugesetzt worden waren, $82 \pm 7{,}5\%$ ($n = 16$) wiedergefunden werden. Die Spezifität der Methode wurde durch zusätzliche Papierchromatographie des dritten Säuleneluats überprüft und als ausreichend befunden. Lediglich in Schwangerenharn trat eine zweite Substanz auf, deren Anwesenheit zu Pregnantriolwerten führt, die bis zu 20% über der wirklichen Konzentration liegen. Im Harn von 23 gesunden Männern im Alter von 21–71 Jahren und 31 Frauen im

Alter von 18–78 Jahren belief sich die Ausscheidung von Pregnantriol auf 0,4–2,4 mg (Mittel: 1,4 mg) bzw. auf 0,1–3,0 mg (Mittel: 0,9 mg) je 24 Std.

6. Bestimmung von Pregnantriol im Harn nach Starka und Malikova [*128*]

Hydrolyse. 25 ml des 24-Stunden-Harns werden mit Essigsäure auf pH 4,7 gestellt, mit 2,5 ml 5 M Acetatpuffer von pH 4,7 und 2 ml Chloroform versetzt und mit 500 E β-Glucuronidase/ml Harn über Nacht bei 37 °C bebrütet.

Extraktion und Reinigung. Das Hydrolysat wird mit 50 ml Benzol ausgeschüttelt, der Extrakt mit 15 ml 1 N Natronlauge und zweimal mit je 15 ml Wasser gewaschen und sodann nach Trocknen über Natriumsulfat im Vakuum bis auf etwa 0,1 ml eingeengt.

Dünnschichtchromatographie auf Aluminiumoxyd. Etwa 30 g Aluminiumoxyd (Akt. Stufe III) werden auf einer Glasplatte (13 × 27 cm) in einem rund 10 cm breiten Streifen verteilt und mittels eines Glasstabs, der an beiden Enden mit einem 1–2 mm dicken Polyäthylenschlauch versehen ist, zu einer entsprechend dicken Schicht ausgestrichen. Etwa 2 cm vom unteren Rand der Glasplatte bringt man den Harnextrakt sowie 20 µg Pregnantriolstandard in Benzol in einem 1,5–2,0 cm breiten Streifen auf, entwickelt die um 20–30° geneigte Platte aufsteigend in einem Glastank (20 × 30 × 20 cm) mit 100 ml 10% Äthanol in Benzol für etwa 25–30 min und besprüht das noch feuchte Chromatogramm mit 70% Phosphorsäure. Nach 30 min Erhitzen auf 100 °C erscheinen die einzelnen Steroide unter UV-Licht als fluoreszierende Flecke. Der pregnantriolhaltige Abschnitt des Chromatogramms wird mittels einer an Vakuum angeschlossenen und mit Watte gefüllten Pipette abgesaugt und dann mittels zweimal je 3 ml Methanol eluiert, wobei man das erste Eluat mit 1 Tropfen konz. Ammoniak versetzt. Das gesamte Eluat wird schließlich im Vakuum zur Trockne eingedampft.

Farbreaktion. Zu dem Rückstand pipettiert man 5 ml konz. Schwefelsäure, läßt 2 Std. bei Zimmertemperatur stehen und mißt die Absorption des Chromogens bei 400, 435 und 470 mµ gegen einen entsprechenden Leerwert, der aus dem Eluat eines Leerfleckes des Chromatogramms besteht. Man korrigiert die Absorption gemäß der Formel von ALLEN:

$$\text{Abs.}_{435} \text{ korr.} = \text{Abs.}_{435} - \frac{\text{Abs.}_{400} + \text{Abs.}_{470}}{2}.$$

Anhand der Absorption des von der Platte eluierten Pregnantriolstandards kann dann die Konzentration von Pregnantriol im Harnextrakt festgelegt werden.

Ergebnisse

Im Verlaufe von je 5 Wiederauffindungsversuchen mit 20, 40 und 60 µg Pregnantriol, die 25 ml Harn zugesetzt worden waren, konnten $92 \pm 7{,}5$, $105{,}0 \pm 4{,}0$ und $89{,}3 \pm 11{,}6\%$ zugefügten Materials in den Endextrakten nachgewiesen werden. Bei einer Konzentration von 2,7 mg Pregnantriol/24 Std. belief sich die Standardabweichung von 10 Einzelbestimmungen auf $\pm 0{,}17$ mg/24 Std. Die Empfindlichkeit der Bestimmungsmethode wird mit 0,1 mg Pregnantriol/24 Std. angegeben. Was die Spezifität des Verfahrens angeht, so gestattet die Dünnschichtchromatographie auf Aluminiumoxyd eine ausreichende Abtrennung der gesuchten Verbindung. Ein Vergleich der mit vorliegender Methode gemessenen Harnkonzentration von Pregnantriol und entsprechenden Werten, die mittels des von STERN beschriebenen Analysenverfahrens ermittelt wurden, ergab eine weitgehende Übereinstimmung.

Pregnantriolon

Obgleich Pregnantriolon ein normalerweise im Harn nicht auftretendes Stoffwechselprodukt von 21-Desoxycortisol oder 21-Desoxycortison darstellt [*473, 474*], hat seine quantitative Bestimmung in Fällen von Nebennierenrinden-hyperplasie, – sei diese congenital oder auf Cushing-syndrom zurückzuführen – eine gewisse Bedeutung erlangt. Die wenigen, in der Literatur beschriebenen Methoden [*427–430*] zur Bestimmung von Pregnantriolon bestehen im allgemeinen aus einer enzymatischen Hydrolyse des Glucuronosids mittels β-Glucuronidase, der Extraktion des freien Steroids mit Chloroform, Reinigung und Abtrennung der gesuchten Verbindung vorzugsweise durch Papierchromatographie und der quantitativen Endpunktbestimmung. Während sich die Überführung von Pregnantriolon in 17-Ketosteroid durch Behandlung mit Chromsäure [*475*] oder Bismuthat [*476*] auf Grund der relativen Unempfindlichkeit der Zimmermann-reaktion nicht durchgesetzt hat, gestattet die Fluorometrie phosphorsaurer Lösungen nach FINKELSTEIN [*428–430*] eine empfindliche Erfassung von Pregnantriolon. Demgegenüber wird in der Vorschrift von Cox [*427*] die Seitenkette von Pregnantriolon durch Perjodat in Form von Acetaldehyd abgespalten, der seinerseits mit 4-Oxydiphenyl kolorimetrisch nachweisbar ist. Die hier aufgeführten Methoden erlauben eine ausreichende Bestimmung von 50 µg Pregnantriolon/24 Std. bzw. 2 µg Pregnantriolon/Harnprobe.

1. Bestimmung von Pregnantriolon (und Pregnantriol) im Harn nach Cox [*427*]

Hydrolyse, Extraktion und Reinigung. Genügen 5 ml des 24-Stunden-Harns zur quantitativen Bestimmung der gesamten acetaldehydogenen C_{21}-Steroide, so benutzt man zum Nachweis von Pregnantriolon im Harn von Erwachsenen 25 ml, die wie in der Methode von Cox und FINKELSTEIN aufgearbeitet werden.

Papierchromatographie. Auf den mit Methanol-Formamid (1:1 v/v) imprägnierten 1,5 cm breiten Streifen aus Whatman Papier Nr. 1 trägt man zwei Aliquote des Harnextraktes auf sowie entsprechende Standardmengen und entwickelt horizontal für etwa 2 Std. mit Dichloräthan, so daß die Lösungsmittelfront rund 25 cm vom Auftragungsort entfernt ist. Das Chromatogramm wird 30 min bei 90 °C getrocknet, bevor man 0,5 cm breite Streifen abschneidet, sie durch 70% Phosphorsäure zieht, abpreßt und 10 min in einem Emailletrog auf 87–90 °C erhitzt. Die Pregnantriolon enthaltenden Abschnitte der nun 1 cm breiten Chromatogramme werden mit heißem Methanol eluiert, die Eluate eingedampft und die Rückstände absteigend im Lösungsmittelsystem Formamid/Benzol für 8–10 Std. rechromatographiert. Wieder erfolgt die Festlegung der pregnantriolonhaltigen Zonen mittels der Fluorescenz in 70% Phophorsäure auf 0,5 cm breiten Teilstreifen der entsprechenden Chromatogramme. Man schneidet die betreffenden Abschnitte des verbliebenen, jetzt 1 cm breiten Streifens aus und unterwirft sie der quantitativen Bestimmung.

Farbreaktion. Die pregnantriolonhaltigen Papierabschnitte werden in kleine Stückchen (2 × 2 mm) geschnitten und im Oxydationsröhrchen mit 1 ml einer frisch bereiteten Lösung aus 1 Vol 0,12 M Perjodsäure in 0,4 N Schwefelsäure und 1% (w/v) Glycin in 0,4 N Schwefelsäure versetzt. Man verschließt das Röhrchen mit einem Aufsatz, der ein Durchströmen der Lösung mit gereinigter Luft gestattet und gleichzeitig mit einer Kapillare versehen ist, welche in die mit 0,5 ml 1% Natriumbisulfitlösung beschickte Vorlage (in Form eines Zentrifugenröhrchens) eintaucht. Nach 1 Std. ständigen Durchleitens von etwa 5 ml Luft/min läßt man die Kapillare 30 sec lang abtropfen, fügt 3,5 ml konz. Schwefelsäure unter Rühren mit einem Glasstab hinzu und kühlt

15 min im Eisbad. Anschließend werden 0,02 ml 4% Kupfersulfatlösung und 0,02 ml einer 1,5% (w/v) Lösung von 4-Oxydiphenyl in 0,1 N Natronlauge hinzugegeben. Man mischt gründlich mit einem Glasstab, läßt 1 Std. im Eisbad stehen, wobei nach 30 min erneut zu rühren ist, und zerstört den Überschuß an 4-Oxydiphenyl durch 90 sec Erhitzen im siedenden Wasserbad. Die Absorptionsmessung der Farblösung erfolgt bei 565 mµ gegen einen entsprechenden Leerwert. Die Messung des aus entsprechenden Standardmengen an Pregnantriolon (oder Pregnantriol) gebildeten Acetaldehyds gestattet die Bestimmung der Pregnantriolon-konzentration in den Harnextrakten.

Ergebnisse

Nach Zugabe von 13,3 µg Pregnantriolon zu 25 ml eines bereits hydrolysierten Männerharns konnten 97% des zugefügten Pregnantriolons nach der zweiten Papierchromatographie nachgewiesen werden. Mittels der beschriebenen Methode können 2 µg acetaldehydogenen Steroids – hier Pregnantriolon – quantitativ erfaßt werden. Die Spezifität der Methode darf auf Grund einer zweifachen Papierchromatographie sowie der spezifischen Farbreaktion gebildeten Acetaldehyds als zufriedenstellend betrachtet werden. Eine gleichzeitige Bestimmung anderer acetaldehydogener C_{21}-Steroide, wie Pregnantriol und Pregnantetrol (Pregnan-3α,11β,17α,20α-tetrol) läßt sich mittels der obigen Vorschrift leicht durchführen. Während normalerweise im Harn kein Pregnantriolon nachweisbar ist, werden bei Nebennierenrinden-hyperplasie bis zu 10 mg/24 Std. ausgeschieden.

2. Bestimmung von Pregnantriolon im Harn nach Cox und Finkelstein [428]

Hydrolyse. 0,2 Vol des über 2 ml Chloroform gesammelten 24-Stunden-Harns werden mittels Eisessig auf pH 4,6 gebracht, mit 2 ml 2 M Acetatpuffer von pH 4,6 versetzt und 1 Std. bei 37 °C bebrütet. Anschließend gibt man 50 IE β-Glucuronidase/ml Harn hinzu (Ketodase, Warner Chilcott, Morris Plains, NJ) und inkubiert für 48 Std. bei 37 °C. In Fällen, wo mit geringen Konzentrationen an Pregnantriolon zu rechnen ist, verwendet man den gesamten 24-Stunden-Harn.

Extraktion und Reinigung. Das erkaltete Hydrolysat wird zweimal mit je 1 Vol frisch destilliertem Chloroform extrahiert, der Gesamtextrakt mit 0,1 Vol 1 N Natronlauge, 20 ml ges. Natriumbicarbonatlösung und zweimal je 20 ml Wasser gewaschen, über

Natriumsulfat getrocknet und nach Filtrieren zur Trockne eingedampft. Bei Aufarbeitung des gesamten 24-Stunden-Harns wendet man vorteilhaft eine weitere Reinigung des Harnextraktes an, indem man den Trockenrückstand in wenig Äthanol löst, mit 50 ml Benzol und 50 ml Petroläther versetzt und zweimal mit je 1 Vol Wasser wäscht. Die wäßrige Lösung wird ihrerseits mit Äther extrahiert, der Ätherextrakt zur Trockne gebracht und der Rückstand in 50% (v/v) Methanol aufgenommen. Es folgt eine Extraktion der methanolischen Lösung mit 1 Vol Tetrachlorkohlenstoff, wobei die Phasen durch Zentrifugieren zu trennen sind. Schließlich dampft man den methanolischen Extrakt im Vakuum zur Trockne ein.

Papierchromatographie. Der jeweilige Rückstand wird unter leichtem Erwärmen in etwa 5 ml Methanol gelöst und in vier gleiche Aliquote geteilt, deren jedes 0,05 Vol des 24-Stunden-Harns entspricht (bzw. 0,25 Vol des 24-Stunden-Harns). Für die erste Papierchromatographie benutzt man Whatman Papier Nr. 1 in Form von 6 Streifen (1 × 50 cm), die mit Methanol-Formamid (1:1 v/v) imprägniert wurden. Auf die mittleren 4 Streifen werden die vier Aliquote des Harnextraktes, auf die beiden äußeren Streifen sowie einen der Streifen mit Harnextrakt aber entsprechende Mengen von Pregnantriolon-standard aufgetragen. Man entwickelt absteigend bei 27 ± 1 °C für etwa 12–13 Std. mit Benzol, trocknet das Papierchromatogramm bei 80–90 °C und legt die Pregnantriolon enthaltenden Abschnitte anhand der Fluorescenz in 70% Phosphorsäure fest. Hierzu werden beide Standardstreifen, der Streifen mit Harnextrakt + Pregnantriolon-standard und ein Streifen mit Harnextrakt durch eine Lösung von 70% Phosphorsäure gezogen, zwischen Filterpapier abgepreßt und in einem vorgewärmten Emailletrog 10 min auf 85–87 °C erhitzt. Nach Abkühlen auf Eis untersucht man die Fluorescenz unter einer UV-Lampe mit einem Filter maximaler Durchlässigkeit bei 365 mμ. Die pregnantriolonhaltigen Abschnitte auf den beiden nichtbehandelten Streifen mit je 1 Aliquot des Harnextraktes werden ausgeschnitten, zerstückelt und dreimal mit wenig Methanol eluiert. Man dampft unter Stickstoff zur Trockne ein, löst den Rückstand in wenig Methanol unter leichtem Erwärmen und trägt beide Lösungen auf Whatman Papier Nr. 1 auf, das mit Formamid-Methanol (1:1 v/v) imprägniert wurde. Auf beiden Seiten der Streifen (1 × 50 cm) mit Harnextrakt laufen erneut 2 Standards von Pregnantriolon. Die Entwicklung des Chromatogramms erfolgt im Lösungsmittelsystem Formamid/Chloroform und dauert etwa 3 Std., bis die Lösungsmittelfront fast den unteren Rand der

Streifen erreicht hat. Nach Trocknen der Chromatogramme legt man die pregnantriolonhaltigen Abschnitte der Streifen wie zuvor fest, eluiert und dampft das Eluat unter Stickstoff zur Trockne ein.

Bei Einsatz des gesamten 24-Stunden-Harns verwendet man 2 cm breite Papierstreifen.

Fluorometrische Bestimmung. Der Rückstand des Papiereluats wird in zweifach destilliertem 96% Äthanol gelöst. Man überführt aliquote Teile der Lösung, die etwa 0,1–0,5 µg Pregnantriolon enthalten, in 5-ml-Pyrex-röhrchen, dampft im Trockenschrank bei 100 °C zur Trockne ein und versetzt nach Abkühlen mit 1,25 ml 86% Phosphorsäure. Die mit Schliffstopfen verschlossenen Röhrchen werden unter Lichtausschluß 15 min im siedenden Wasserbad erhitzt, wobei man nach 2, 5, 10 und 14 min jeweils für 30 sec schüttelt, im Eisbad abgekühlt und sogleich der Fluorometrie im Farrand Spektralfluorometer Modell A mit entsprechenden Filtern unterworfen, die im primären Strahlengang eine maximale Durchlässigkeit bei 425 mµ und im sekundären eine solche bei 535 mµ aufweisen. Mit jeder Bestimmung wird die Fluorescenz von Pregnantriolon-standard gemessen, und zwar in drei Konzentrationen zwischen 0,1 und 0,5 µg, so daß die quantitative Abschätzung der Pregnantriolon-konzentration in der Harnprobe ermöglicht wird.

Ergebnisse

Angaben über Richtigkeit und Genauigkeit der mit vorstehender Methode erzielbaren Ergebnisse liegen nicht vor. Die Empfindlichkeit wird mit 0,05 mg Pregnantriolon/24 Std. veranschlagt, während sie für die gleichzeitig mögliche Bestimmung von Pregnantriol 0,1 mg/24 Std. beträgt.

Im Harn von 10 männlichen und 14 weiblichen Versuchspersonen (5–36 bzw. 2–44 Jahre) konnte kein Pregnantriolon festgestellt werden.

Corticosteroide und Metaboliten (Corticoide)

Aus der großen Zahl der Methoden zur Bestimmung von Corticosteroiden und ihrer Metaboliten im Harn [1, 2] werden im folgenden einige eingehender erläutert, die sich in der Praxis bewährt haben oder aber für den Einsatz im endokrinologischen Laboratorium vielversprechend erscheinen.

Während die Analyse freier C_{21}-Steroide im Harn, wie etwa die von Cortisol [107, 477–479] in letzter Zeit an Bedeutung für die

Funktionsdiagnostik der Nebennierenrinde gewonnen hat und nach Extraktion des Harns mit organischem Lösungsmittel – vorzugsweise Methylenchlorid oder Chloroform – erfolgt, erfordert die Bestimmung der gesamten Corticosteroide oder ihrer Metaboliten zumeist eine Hydrolyse vorhandener Konjugate. Diese kann auf Grund einer fast ausschließlichen Bindung der Metaboliten an Glucuronsäure [446] durch Bebrütung mit β-Glucuronidase durchgeführt werden. Um auch die vorkommenden Schwefelsäureester zu zerlegen, bedarf es daher einer anschließenden Solvolyse oder kontinuierlichen Extraktion bei niedrigem pH, so daß die fraktionierte Hydrolyse [286] sicherlich die Methode der Wahl darstellen dürfte. Die erste Reinigung der anfallenden Extrakte geschieht in den meisten Fällen durch Ausschütteln der organischen Phase mit 0,1 N Natronlauge, wobei die niedrige Alkalikonzentration eine Zerstörung empfindlicher Verbindungen verhindert. Die Frage, ob eine weitere Entfernung störender Begleitstoffe notwendig ist, hängt von dem zu messenden Steroid bzw. der zu erfassenden Steroid-gruppe ab. Für derartige Zwecke eignen sich vor allem die chromatographischen Verfahren, da sie zugleich eine Auftrennung der Extrakte in Gruppen oder Einzelverbindungen ermöglichen. Die gebräuchlichsten Verfahren zur Endpunktbestimmung wurden bereits zu Anfang des Kapitels eingehender behandelt.

Der quantitative Nachweis der 20,21-Ketole im Harn nach KINGSLEY und GETCHELL [480], der auf der Messung tetrazoliumreduzierender Substanzen in Harnextrakten beruht, kommt zwar dem Wunsche nach einer leicht durchführbaren Routinemethode nahe, doch muß die Spezifität eines solchen Verfahrens als begrenzt angesehen werden, zumal die Reinigung der nach heißer Säurehydrolyse anfallenden Harnextrakte verhältnismäßig beschränkt ist. Demgegenüber stellt die Bestimmung der 17-Hydroxy-20,21-ketole, in der Literatur oft 17-Hydroxycorticosteroide genannt, nach der Methode von SILBER und PORTER [481] auf Grund der spezifischeren Farbreaktion mit Phenylhydrazin ein für die klinische Diagnostik brauchbareres Verfahren dar. Gestattet es doch nicht nur die quantitative Analyse der mit Chloroform extrahierbaren freien 17-Hydroxy-20,21-ketole, sondern nach enzymatischer Hydrolyse des Harns auch eine solche der gesamten in Betracht kommenden Steroid-gruppe, d.h. der freien und konjugierten Verbindungen. In gleicher Weise dient die von KORNEL [482] ausgearbeitete Vorschrift der Erfassung freier und konjugierter Porter-Silber-chromogene im Harn. Allerdings erübrigt die Extraktion der zu messenden Steroide bzw. Steroid-konjugate durch Verwendung von Butanol-Chloroform (1:10 v/v) eine Hydrolyse der Konjugate und erlaubt eine direkte Durchführung der Farbreaktion. Die Extraktion der freien Steroide dagegen wird in üblicher Weise mit Chloroform vorgenommen. Verglichen mit den vorgenannten Bestimmungsmethoden erscheint das Verfahren von GLENN und NELSON [395] mit entsprechenden Verbesserungen von EIK-NES [387] durch die Einbeziehung einer Adsorptionschromatographie an Florisilsäulen zwar etwas aufwendiger, dafür aber spezifischer für eine zuverlässige Bestimmung der gesamten Porter-Silber-chromogene, wie sich aus den spektralen Eigenschaften isolierten Materials in Porter-Silber-reagenz ableiten läßt. Auch hier benutzt man für die Spaltung der Konjugate die Bebrütung mit β-Glucuronidase. Die indirekte Bestimmung von 17-Hydroxy-20,21-ketolen, 17,20,21-Triolen und 17,20-Diolen nach EDWARDS und KELLIE [446] besteht aus einer Extraktion der gesamten freien und konjugierten Steroide, einer Oxydation der angeführten Steroid-gruppen mit Natriumbismuthat und der quantitativen Erfassung der vorliegenden 17-Ketosteroide vermittels der bewährten Zimmermann-reaktion. Von dem erhaltenen Wert ist natürlich die Menge endogener 17-Ketosteroide abzuziehen. Da nach den Befunden der betreffenden Autoren die besagten 17-ketogenen C_{21}-Steroide praktisch nur als Glucuronoside im Harn ausgeschieden werden, begnügt man sich bei der Analyse der endogenen 17-Ketosteroide mit einer enzymatischen Hydrolyse der vorliegenden 17-Ketosteroid-glucuronoside. Des weiteren könnte die Behandlung der anfallenden Extrakte mit Aluminiumoxyd als etwas umständlich angesehen werden, wenn sie nicht einer deutlichen Reinigung von störenden Pigmenten dienen würde. Das von SOBEL u.a. [445] beschriebene Verfahren dagegen enthält eine heiße Säurehydrolyse von Harnproben zwecks Spaltung der gesamten Konjugate einmal vor und einmal nach Oxydation mit Natriumbismuthat, was hinsichtlich einer schnellen Bestimmung von 17-Ketosteroiden und 17-ketogenen C_{21}-Steroiden von Vorteil ist. Um auch die 17-Hydroxy-20-ketone in 17-Ketosteroide zu überführen, die sich leicht messen lassen, behandelt man nach BIRKE u.a. [444] den Harn zunächst mit Kaliumborhydrid. Endogene 17-Ketosteroide gehen unter den gewählten Versuchsbedingungen in 17-Hydroxy-C_{19}-steroide über, so daß die bei nachfolgender Oxydation mit Natriumbismuthat gebildeten 17-Ketosteroide ausschließlich als Reaktionsprodukte der 17-Hydroxy-C_{21}-steroide anzusehen sind. Allerdings benötigt man eine heiße Säurehydrolyse zur Entfernung der Glucuronsäure- bzw. Schwefelsäurereste, was bei Ersatz des Natriumbismuthats durch Perjodat als Oxydationsmittel entfällt, so daß die von WILSON und LIPSETT [*454*] kürzlich veröffentlichte Bestimmungsmethode für 17-Hydroxy-C_{21}-steroide den vorherigen Verfahren überlegen sein sollte. Durch die Einführung einer Mikro-Zimmermann-reaktion wird auch die Empfindlichkeit einer solchen Bestimmung allen Anforderungen gerecht. Die Analyse freien Cortisols im Harn gelingt nach ROSNER u. a. [*477*] durch Abtrennung der gesuchten Verbindung vermittels Chromatographie auf Glasfaserpapier, die schnell und wirkungsvoll vonstatten geht. Verluste, wie sie bei der Aufarbeitung unumgänglich sind, lassen sich durch Mitführen geringer Mengen isotopenmarkierten Cortisols leicht ausgleichen. Die Endpunktbestimmung erfolgt mittels der Porter-Silberreaktion. Auch in der von STARNES u. a. [*286*] angegebenen Vorschrift für die quantitative Bestimmung zahlreicher C_{21}-Steroide spielt die Chromatographie eine wesentliche Rolle. Nach fraktionierter Hydrolyse werden die freigesetzten Steroide zunächst durch Verteilungschromatographie an Aluminiumsilikat in C_{19}- und C_{21}-Steroide aufgetrennt. Es schließt sich eine dreifache Papierchromatographie letzterer Fraktion in verschiedenen Lösungsmittelsystemen an, die im Verein mit der verhältnismäßig empfindlichen Tetrazoliumblau-reaktion einen spezifischen und ausreichenden quantitativen Nachweis der einzelnen Verbindungen gewährleistet.

1. Bestimmung von 20,21-Ketolen im Harn nach Kingsley und Getchell [*480*]

Hydrolyse. 7 ml Harn werden in einem Schliffröhrchen (Küvette mit Schliffstopfen) mit 1 ml konz. Salzsäure 3-4 min im siedenden Wasserbad erhitzt. In gleicher Weise behandelt man 7 ml Salzlösung.

Extraktion und Reinigung. Das erkaltete Hydrolysat wird mit 7 ml Chloroform 1 min kräftig geschüttelt, das Gemisch gegebenenfalls zentrifugiert und die Oberschicht abgesaugt und verworfen. Man wäscht den Chloroformextrakt mit 1 ml 10% Natronlauge und dreimal mit je 5 ml Wasser. Zweimal je 1 ml des Harnextraktes werden sodann in den zur Photometrie benützten Küvetten bei 80 °C zur Trockne eingedampft.

Farbreaktion. Zu dem Rückstand gibt man 2 ml abs. Äthanol, fügt nach vollständiger Auflösung 2 ml Tetrazoiumblau-reagenz (100 mg Tetrazoliumblausalz in 400 ml abs. Äthanol) und 1 ml 0,03 N Natronlauge in abs. Äthanol (frisch zubereitet aus 6 N Natronlauge in abs. Äthanol) hinzu und läßt 15 min bei Zimmertemperatur stehen. Anschließend werden 0,2 ml 3,6% Salzsäure in Äthanol (10 ml konz. Salzsäure mit abs. Äthanol auf 100 ml auffüllen) hinzupipettiert, bevor man gründlich durchmischt und die Absorption bei 525 mµ gegen den Methodenleerwert mißt. Außer dem Methodenleerwert wird ein Harnleerwert gemessen, der aus 1 ml Harnextrakt besteht und in der Farbreaktion statt mit 2 ml Tetrazoliumblau-reagenz nur mit 2 ml abs. Äthanol versetzt wird. Die zur Auswertung benötigten Standards bereitet man sich aus 40, 80, 120, 160 und 200 µg Cortisonacetat, die in 7 ml Salzlösung mit 1 ml konz. Salzsäure wie die Harnproben aufgearbeitet und quantitativ analysiert werden.

Ergebnisse

Wiederauffindungsversuche mit 5,7–28,2 mg Cortisonacetat und 5,7–28,6 mg Cortison/1000 ml Harn ergaben eine Wiederauffindungsrate zwischen 94,2 und 104% bzw. 87,7 und 100,4%. Angaben über Genauigkeit und Empfindlichkeit der Methode fehlen. Eine Störung der Farbreaktion durch Glucose trat bis zu einer Konzentration von 5% nicht ein. Des weiteren ließ sich keine Beeinträchtigung der Farbreaktion durch Dehydroepiandrosteron, Androsteron, Oestron, Progesteron, Pregnandiol und Pregnantriol feststellen.

Im Harn von 13 männlichen Versuchspersonen im Alter zwischen 25 und 60 Jahren und von 8 Frauen im Alter zwischen 25 und 40 Jahren fand man 8–25 mg (Mittel: 19,9 $\pm$ 3,7 mg) bzw. 7–17 mg (Mittel: 12,2 $\pm$ 4,0 mg) 20,21-Ketole/24 Std. Die mit vorliegender Methode gefundenen Konzentrationen an 20,21-Ketolen im Harn von 44 Versuchspersonen entsprachen im allgemeinen den nach SOBEL u.a. bestimmten Harnspiegeln ketogener C_{21}-Steroide.

Betrug in ersterem Falle die durchschnittliche Ausscheidung 17,0 mg/24 Std., so belief sich der Durchschnitt bei Anwendung der zweiten Bestimmungsmethode auf 17,8 mg/24 Std.

2. Bestimmung von 17-Hydroxy-20,21-ketolen im Harn nach Silber und Porter [481]

Extraktion und Reinigung freier Steroide. 6–10 ml filtrierten Harns werden 15 sec mit 3 Vol Tetrachlorkohlenstoff geschüttelt, zentrifugiert und 5 ml des so gewaschenen Harns mit 25 ml Chloroform in einem mit Plastikstopfen versehenen Zentrifugenglas 20 bis 30 sec extrahiert. Man verwirft die wäßrige Phase, wäscht den Chloroformextrakt mit 2 ml 0,1 N Natronlauge durch 15 sec

Schütteln, Zentrifugieren und Abtrennen der wäßrigen Phase und überführt zweimal je 10 ml des Chloroformextraktes in zwei Reagenzgläser (15 × 150 − 160 mm).

Hydrolyse, Extraktion und Reinigung konjugierter Steroide. Ein beliebiges Volumen filtrierten Harns wird bei pH 6,5 zweimal mit je 3 Vol Chloroform extrahiert, indem man 15–20 sec schüttelt, zentrifugiert und den organischen Extrakt verwirft. 0,5–2,0 ml des gewaschenen Harns werden mit 250 E β-Glucuronidase (bakterielle β-Glucuronidase „Sigma", 250 E/ml Puffer von pH 6,5) je ml Harn über Nacht (18 Std) bei 37 °C inkubiert. Man verdünnt mit Wasser auf 5,0 ml und extrahiert mit 25 ml Chloroform. Die Reinigung des Extraktes erfolgt wie bei der Vorschrift für freie 17-Hydroxy-corticosteroide.

Farbreaktion. Zu einer der beiden, je 10 ml Extrakt enthaltenden Proben werden 1,0 ml Porter-Silber-reagenz (65 mg umkristallisiertes Phenylhydrazinhydrochlorid in 150 ml Leerreagenz, bestehend aus 100 ml 62% [v/v] Schwefelsäure und 50 ml abs. Äthanol), zur anderen 1,0 ml Leerreagenz gegeben. Man schüttelt gründlich für 20–30 sec, nimmt den Plastikstopfen ab und zentrifugiert. Die Chloroformschicht wird sorgfältig mittels einer Injektionsnadel abgesaugt und die Säurelösung sodann über Nacht (18 Std.) bei Zimmertemperatur bebrütet. In gleicher Weise verfährt man mit den erforderlichen Standardlösungen, die aus 5 bis 20 μg Cortisol in 5 ml Wasser gemäß der obigen Vorschrift gewonnen werden. Die Absorption der Chromogene wird bei 380, 410 und 440 mμ gemessen und die maximale Absorption nach Abzug der Absorption des Leerwertes korrigiert:

$$\text{Abs.}_{410} \text{ korr.} = 2 \times \text{Abs.}_{410} - \text{Abs.}_{380} - \text{Abs.}_{440}$$

Die Konzentration vorhandener 17-Hydroxy-corticosteroide läßt sich aus der korrigierten Absorption der Standardlösungen leicht feststellen.

Ergebnisse

5 Wiederauffindungsversuche mit 5 μg Cortisol, die in 1 ml Wasser gelöst und zu 10 ml Harn zugesetzt worden waren, erbrachten eine Durchschnittskonzentration an Porter-Silber-chromogenen von 2,01 ± 0,47 μg/10 ml in den Harnleerproben und eine solche von 7,02 ± 0,45 μg/10 ml in den mit Cortisol versetzten Harnproben, was einer Wiederauffindungsrate von über 100% entspricht. Bei Mehrfachbestimmungen von Porter-Silber-chromogenen in 1–5 ml Harn lag die Konzentration zwischen 11,46 und 11,76 μg/ml Harn und die 95% Vertrauensgrenze je nach dem

Volumen des Ausgangsmaterials zwischen $\pm 1{,}34$ und $\pm 0{,}48$ µg/ml Harn. Die Spezifität der Methode hängt lediglich von dem Verteilungskoeffizienten der erfaßten Steroide bei Extraktion und Reinigung ab sowie der als spezifisch anzusehenden Porter-Silberreaktion. Die spektralen Eigenschaften der in Harnextrakten enthaltenen Verbindungen glichen weitgehend denen authentischer 17-Hydroxy-20,21-ketole.

Im Harn von 21 Versuchspersonen wurde eine tägliche Ausscheidung an Porter-Silber-chromogenen von $6{,}6 \pm 3{,}7$ mg festgestellt, wovon rund 6% oder $0{,}37 \pm 0{,}18$ mg in chloroformextrahierbarer, d. h. freier Form vorlagen.

3. Bestimmung von 17-Hydroxy-20,21-ketolen im Harn nach Kornel [*482*]

Extraktion

A. Freie und konjugierte 17-Hydroxy-20,21-ketole. 3 ml Harn werden in einem 50-ml-Zentrifugenglas mit Schliffstopfen durch tropfenweisen Zusatz von 25% Schwefelsäure auf pH 1 gebracht und mit 2,5–3,0 g wasserfreiem Ammoniumsulfat versetzt. Anschließend fügt man 3 ml n-Butanol und 30 ml Chloroform hinzu, schüttelt kräftig für 3 min und zentrifugiert 10 min bei 2500 U/min. Die organische Phase wird vorsichtig abgesaugt, durch Whatman Papier Nr. 1 in ein Reagenzglas filtriert und 2 Aliquote von 11 ml in 20-ml-Schliffröhrchen der Farbreaktion unterworfen.

B. Freie 17-Hydroxy-20,21-ketole. Zur Analyse der freien 17-Hydroxycorticosteroide extrahiert man zunächst 10 ml Harn mit 50 ml Chloroform in 70–80-ml-Zentrifugengläsern durch 30 sec Schütteln, zentrifugiert 10 min bei 2500 U/min, überführt die Chloroformschicht in ein zweites Zentrifugenglas mit Schliffstopfen und versetzt mit 2 ml n-Butanol. Nach Mischen des Inhalts durch Drehen wird 30 min bei 0–4 °C gekühlt, mit 0,6 g wasserfreiem Natriumcarbonat versetzt und 20 sec kräftig geschüttelt. Man zentrifugiert 10 min bei 2500 U/min, dekantiert und teilt in 2 Aliquote, die in zwei 40-ml-Schliffröhrchen weiterbehandelt werden. Im präextrahierten Harn lassen sich dann mittels der Vorschrift A die konjugierten 17-Hydroxycorticosteroide erfassen.

Farbreaktion. Jeweils zwei der nach A und B erhaltenen Aliquote werden mit 3 ml 62% (v/v) Schwefelsäure bzw. 3 ml Porter-Silber-reagenz (65 mg Phenylhydrazinhydrochlorid in 100 ml 62% [v/v] Schwefelsäure) 15 sec geschüttelt. Nach 15–20 min Stehen bei Zimmertemperatur saugt man die untere Chloroformschicht mittels einer stumpfen Injektionsnadel ab und bebrütet die Säureschicht unter Lichtausschluß entweder 34 Std. bei Zimmertemperatur oder aber 45 min im Wasserbad von 60 °C. Die zur Photometrie benötigten Leerwerte und Standardlösungen bereitet man sich in folgender Weise: Zweimal je 1 ml n-Butanol, bzw. zweimal je 10 µg und 20 µg Cortisol in 1 ml n-Butanol werden mit 10 ml Chloroform versetzt und jeweils eine der genannten Proben mit 3 ml 62% (v/v) Schwefelsäure, die andere mit 3 ml Porter-Silberreagenz wie die Harnproben behandelt. Man mißt die Absorption der einzelnen Proben bei 410 mµ und berechnet den Gehalt der Harnprobe anhand der Absorption der beiden Standardlösungen.

Ergebnisse

Bei Wiederauffindungsversuchen mit freiem Cortisol bzw. 17-Hydroxycorticosteroid-konjugaten, die aus Butanolextrakten des Harns erhalten und sodann Harnproben zugesetzt wurden, konnten 96–102% freien Cortisols und 88–100% zugesetzter Konjugate nachgewiesen werden. Die Genauigkeit der Bestimmungsmethode, die aus 28 Doppelbestimmungen errechnet wurde, läßt sich aus dem Variationskoeffizienten von 2,4% für freie 17-Hydroxycorticosteroide und 2,2% für konjugierte 17-Hydroxycorticosteroide erkennen. Hinsichtlich der Spezifität vorliegenden Verfahrens ergab die Messung des Absorptionsspektrums von Harnextrakten in Porter-Silber-reagenz eine deutliche Übereinstimmung mit dem Absorptionsspektrum reinen Cortisols.

Im Harn von 10 gesunden Erwachsenen fand man 5,5–12,0 mg (Mittel: 8,5 mg) 17-Hydroxycortico steroide je 24 Std.

4. Bestimmung von 17-Hydroxy-20,21-ketolen im Harn nach Glenn und Nelson bzw. Eik-Nes [*381, 395*]

Hydrolyse. 30 ml des 24-Stunden-Harns werden mit 4 ml 0,1 M Acetatpuffer von pH 4,7 versetzt, durch Zusatz von Essigsäure auf pH 4,5 gebracht und mit 25000 E Penicillin und 10000 E β-Glucuronidase 24 Std. bei 37 °C oder 15 Std. bei 47 °C bebrütet.

Extraktion und Reinigung. Das erkaltete Hydrolysat wird sogleich dreimal mit je 15 ml Chloroform extrahiert, wobei die sich gelegentlich bildenden Emulsionen durch Zentrifugieren zu zerstören sind, und der Gesamtextrakt in einem 100-ml-Zentrifugenglas dann zweimal mit je 5,0 ml 0,1 N Natronlauge und einmal mit 5 ml 0,1 N Salzsäure gewaschen. Jede der drei Waschphasen wird einmal mit je 1 Vol Chloroform zurückextrahiert und der gesamte Chloroformauszug dann über 3 g wasserfreiem Natriumsulfat getrocknet. Nach Filtrieren durch Whatman Papier Nr. 1

und Nachwaschen des Natriumsulfats mittels zweimal je 10 ml Chloroform dampft man die Chloroformlösung im Luftstrom bei einer Temperatur unter 50 °C zur Trockne ein.

Adsorptionschromatographie an Florisil. Zur Vorbereitung des Florisils (Floridin Comp., Warren, Pen) wird dieses 12–15 Std. in 95% Äthanol aufgeschwemmt und stündlich einmal gründlich durchgerührt. Man filtriert, wäscht mit abs. Äthanol nach und trocknet 24 Std. bei 120 °C, bevor die Aktivierung durch 4 Std. Erhitzen auf 600 °C erfolgt. Man füllt solchermaßen vorbehandeltes Florisil in die Säule (10 mm Durchmesser) bis zu einer Höhe von etwa 7 cm über dem Pfropfen aus sorgfältig gewaschener Glaswolle, wobei auf feste Packung des Adsorbens zu achten ist, und gibt sodann Chloroform auf die Säule, die letztlich mit einem Pfropfen aus Glaswolle abgeschlossen wird. Sobald das Chloroform durchgelaufen ist, wird der in 5 ml Chloroform gelöste Rückstand des Harnextraktes aufgebracht und die Säule anschließend mit 25 ml 2% Äthanol in Chloroform und 25 ml 15% Äthanol in Chloroform eluiert. Letzteres Eluat enthält die gesamten 17-Hydroxy-20,21-ketole. Man dampft diese Fraktion im Luftstrom bei 50 °C zur Trockne ein.

Farbreaktion. Der Rückstand wird in einem Schliffröhrchen mit 0,2 ml abs. Äthanol und 0,3 ml Porter-Silber-reagenz (16 mg mehrfach umkristallisiertes Phenylhydrazinhydrochlorid werden in 10 ml 62% Schwefelsäure gelöst) versetzt und das verschlossene Röhrchen 60 min unter Lichtausschluß im Wasserbad von 60 °C erwärmt. Anschließend kühlt man ab und mißt die Absorption des Chromogens gegen einen entsprechenden Leerwert, der durch Extraktion von Wasser und gleichsinnige Aufarbeitung erhalten wird. Die Photometrie erfolgt bei 370, 390, 410, 430 und 450 mµ. Nach Korrektur der maximalen Absorption bei 410 mµ gemäß nachstehender Formel errechnet man die Konzentration an 17-Hydroxy-20,21-ketolen anhand der korrigierten Absorption geeigneter Standardlösungen, die zwischen 25 und 100 µg Cortisol enthalten.

$$\text{Abs.}_{410}\text{korr.} = 2 \times \text{Abs.}_{410} - \text{Abs.}_{390} - \text{Abs.}_{430}$$

Ist die Absorption bei 390 mµ höher als bei 410 mµ, so müssen die erhaltenen Werte mit Vorsicht betrachtet werden.

Ergebnisse

Wiederauffindungsversuche mit 36–108 µg Cortisol, die Harnproben zugesetzt wurden, erbrachten eine Wiederauffindungsrate von 90–96%. In 4 Mehrfachbestimmungen von 17-Hydroxy-20,21-

ketolen betrug die Abweichung der Einzelwerte in einem Konzentrationsbereich von etwa 250–400 µg/100 ml maximal 5%. Ein Vergleich des Absorptionsspektrums von Harnextrakt und Cortisolstandard in Porter-Silber-reagenz ließ keine wesentlichen Unterschiede erkennen, was auf eine gewisse Spezifität des Verfahrens deutet.

5. Bestimmung von 17-Hydroxy-20,21-ketolen, 17,20,21-Triolen und 17,20-Diolen im Harn nach Edwards und Kellie [446]

Extraktion. 0,2 Vol des 24-Stunden-Harns werden auf pH 2 gebracht, mit 50 g Ammoniumsulfat/100 ml Harn versetzt und dreimal mit je 0,5 Vol Äther-Äthanol (3:1 v/v) extrahiert. Man filtriert den Gesamtextrakt, dampft ihn im Vakuum bei etwa 40 °C ein, löst den Rückstand in 0,1 Vol Äthanol und bringt ihn im Vakuum zur vollständigen Trockne. Der trockne, halbkristalline Rückstand wird in Äthanol (0,1 Vol der ursprünglichen Harnprobe) gelöst und in ein Meßkölbchen filtriert.

Oxydation der C_{21}-Steroide. Zwei Aliquote des Harnextraktes mit etwa 20–30 µg 17-Ketosteroidgehalt (etwa 0,004 Vol des 24-Stunden-Harns) werden in 40-ml-Schliffröhrchen zur Trockne eingedampft, die Rückstände in 25 ml 4% (w/v) Trichloressigsäure in 75% Äthanol gelöst und mit 2 g Natriumbismuthat 2 Std. unter Lichtausschluß geschüttelt. Man zentrifugiert 5 min bei 2000 U/min, überführt 20 ml des Überstands in einen mit 60 ml Reduktionslösung (3% [w/v] wasserfreies Natriumsulfat und 2% [w/v] Natriumsulfit in Wasser) und 10 ml Methylenchlorid gefüllten Scheidetrichter. Nach 2 min Schütteln wird die Methylenchloridschicht in ein Schliffröhrchen abgelassen und die wäßrige Phase noch zweimal mit je 5 ml Methylenchlorid extrahiert. Diese vereinigten Extrakte wäscht man mit 5 ml 1 N Natronlauge und Wasser bis zur Neutralität, fügt einen Tropfen Eisessig hinzu und dampft unter Stickstoff bei 40 °C ein. Letzte Feuchtigkeitsspuren lassen sich durch Aufnahme des Rückstands in 0,5 ml Äthanol und erneutes Eindampfen im Vakuum entfernen. Der Rückstand wird in 4 ml 5% (v/v) Äthanol in Benzol aufgenommen, mit 100 mg Aluminiumoxyd (Savory and Moore, Ltd., London) leicht geschüttelt und ein Aliquot von 3 ml nach einigen Minuten zur Bestimmung von 17-Ketosteroiden entnommen (= Fraktion A).

Hydrolyse. Ein Aliquot der im ersten Schritt gewonnenen Konjugat-fraktion, welches etwa 0,1 Vol des 24-Stunden-Harns entspricht, wird im Vakuum zur Trockne eingedampft, in 10 ml 0,5 M Acetatpuffer von pH 4,0 mit 0,05 M Kaliumdihydrogenphosphat als Sulfataseinhibitor gelöst und mit 10000 E Penicillin und 25000 E β-Glucuronidase in weiteren 10 ml Puffer 16 Std. bei 35–45 °C bebrütet. Das erkaltete Hydrolysat wird dreimal mit je 15 ml Methylenchlorid extrahiert, der Gesamtextrakt mit 15 ml 1 N Natronlauge und Wasser gewaschen, wie im vorherigen Schritt mit Aluminiumoxyd behandelt und ein Aliquot mit etwa 20–30 µg zur Trockne eingedampft (= Fraktion B).

Farbreaktion. Zu dem Rückstand der Fraktion A bzw. der Fraktion B gibt man 0,05 ml abs. Äthanol, 0,05 ml 1% m-Dinitrobenzol in abs. Äthanol und 0,05 ml 2,5 N Kalilauge in abs. Äthanol, stabilisiert durch Zusatz von Ascorbinsäure, läßt 1 Std. bei 25 °C im Dunkeln stehen und mißt die Absorption nach Verdünnen mit 2,5 ml abs. Äthanol bei 440, 500, 520 und 600 mµ gegen einen entsprechenden Leerwert. Nach Anwendung der Allenkorrektur:

$$\text{Abs.}_{520} \text{ korr.} = \text{Abs.}_{520} - \frac{\text{Abs.}_{440} + \text{Abs.}_{600}}{2}$$

errechnet man aus der korrigierten Absorption eines Standards, bestehend aus 25 µg Dehydroepiandrosteron den Gehalt der Fraktionen A und B an 17-Ketosteroiden, wobei die Differenz auf die 17-ketogenen C_{21}-Steroide zurückzuführen ist.

Ergebnisse

Wiederauffindungsversuche mit geringen Mengen 17-ketogener Corticosteroide, die zu Harnextrakten zugesetzt wurden, ergaben eine Wiederauffindungsrate von $100 \pm 3\%$. Die Standardabweichung der Einzelwerte vom Mittel betrug bei diesen Bestimmungen zwischen ± 2 und $\pm 5\%$. Die mit der vorliegenden Methode erzielten Resultate entsprechen den mit anderen Verfahren gefundenen Ergebnissen und deuten auf eine ausschließliche Konjugation 17-ketogener Corticosteroide mit Glucuronsäure.

6. Bestimmung von 17-Hydroxy-20,21-ketolen, 17,20,21-Triolen und 17,20-Diolen nach Sobel et al [445]

Extraktion freier und konjugierter Steroide. Wenn der zur Bestimmung vorgesehene Harn reduzierende Zucker enthält, so empfiehlt sich die Extraktion der freien und konjugierten Steroide gemäß folgender Vorschrift. Man löst 10 g Ammoniumsulfat in 20 ml Harn, extrahiert dreimal mit je 20 ml Äther-Äthanol (3:1 v/v) und dampft den Gesamtextrakt unter Stickstoff bei 50 °C zur

Trockne ein. Nach Zugabe von 10 ml Äthanol und einigen Minuten Erwärmen im Wasserbad wird die Lösung abgekühlt und zentrifugiert. Zweimal je 4 ml des Überstands überführt man in ein 35-ml-Zentrifugenglas mit Schliffstopfen (= A) bzw. in ein Reagenzglas (25 × 100 mm) (= B) mit Gummistopfen und dampft unter Stickstoff bei 50–55 °C zur Trockne ein.

Oxydation. Der Rückstand B wird in 8 ml Eisessig gelöst, mit 8 ml Wasser verdünnt und mit 2,0 g Natriumbismuthat 30 min unter Lichtausschluß geschüttelt. Falls die Reaktion auf reduzierende Zucker im Harn negativ ist, können 8 ml des gegebenenfalls schwach angesäuerten Harns mit 8 ml Eisessig und 2 g Natriumbismuthat in gleicher Weise behandelt werden (= b). Man zentrifugiert, dekantiert in ein weiteres Zentrifugenglas und wiederholt die Oxydation mit 2,0 g Natriumbismuthat durch 15 min Schütteln. Anschließend wird das Reaktionsgemisch über Nacht bei Zimmertemperatur stehengelassen und nochmals 15 min geschüttelt. Nach Zentrifugieren überführt man 6 ml des Überstands in ein 35-ml-Zentrifugenglas, welches 1,5 ml 5% (w/v) Natriumbisulfit enthält, und gibt nach 5 min 5 ml Wasser hinzu.

Hydrolyse, Extraktion und Reinigung. Der in 2 ml Eisessig und 8 ml Wasser gelöste Rückstand A bzw. 8 ml Harn und 2 ml Eisessig (= a) werden mit 3 ml konz. Salzsäure versetzt und 10 min im siedenden Wasserbad erhitzt, während man die Lösung von B oder b mit 3,6 ml konz. Salzsäure zunächst 15 min bei Zimmertemperatur stehenläßt und dann erst einer 10minütigen Hydrolyse im siedenden Wasserbad unterwirft. Erfolgt die Extraktion des Hydrolysats A oder a mit 10 ml Methylenchlorid, so benutzt man zur Extraktion des Hydrolysats B oder b 12 ml Lösungsmittel, schüttelt jeweils 15 min in einer Schüttelapparatur, zentrifugiert und saugt die überstehende Phase möglichst vollständig ab. Zu dem organischen Extrakt gibt man 25–30 Plätzchen Natriumhydroxyd, schüttelt 15 min, zentrifugiert und filtriert durch einen Filter aus Whatman Papier Nr. 1 (7 cm Durchmesser). 2,5 ml des Filtrats von A oder a bzw. 4 ml des Filtrats B oder b, die 2 bzw. 1 ml Harn entsprechen, werden in geeigneten Reagenzgläsern unter Stickstoff bei 50–55 °C zur Trockne eingedampft. Man gibt 0,2 ml 1,16% (w/v) m-Dinitrobenzol in abs. Äthanol und 0,2 ml alkoholische Kalilauge (1 Vol ges. wäßrige Kalilauge wird mit 4 Vol abs. Äthanol verdünnt, zentrifugiert und der Überstand dekantiert) zu dem jeweiligen Rückstand, brütet 30 min bei 25 °C unter Lichtausschluß und verdünnt mit 5 ml 70% Äthanol. Die Absorption der Proben wird bei 480, 520 und 560 mµ gegen einen entsprechenden Leerwert gemessen. Nach Korrektur der maximalen Absorption bei 520 mµ gemäß folgender Formel

$$\text{Abs.}_{520} \text{ korr.} = 2 \times \text{Abs.}_{520} - \text{Abs.}_{480} - \text{Abs.}_{560}$$

errechnet man die Konzentration der beiden Harnproben A (a) und B (b) anhand der korrigierten Absorption von 50 µg Dehydroepiandrosteronstandard. Die Differenz der auf ein gleiches Harnvolumen bezogenen Werte entspricht dem Gehalt an 17-ketogenen C_{21}-Steroiden.

Ergebnisse

8 Doppelbestimmungen der 17-Ketosteroide und 17-ketogenen C_{21}-Steroide in einen Sammelharn mit 4,6 mg 17-Ketosteroiden/1000 ml und 4,0 mg 17-ketogenen C_{21}-Steroiden/1000 ml ergaben eine Standardabweichung der Einzelwerte von $\pm 8,1\%$ bzw. von $\pm 16,8\%$. Bei 8 weiteren Doppelbestimmungen der beiden Steroidgruppen in einem Sammelharn mit höheren Konzentrationen (13,1 mg 17-Ketosteroide/1000 ml und 16,3 mg 17-ketogene C_{21}-Steroide/1000 ml) betrug die Standardabweichung der Einzelwerte $\pm 3,2\%$ bzw. $\pm 13,2\%$.

Die Normalausscheidung 17-ketogener C_{21}-Steroide liegt nach der hier beschriebenen Methode bei Männern zwischen 8 und 25 mg/24 Std. und bei Frauen zwischen 5 und 18 mg/24 Std.

7. Bestimmung von 17-Hydroxy-20,21-ketolen, 17,20,21-Triolen, 17,20-Diolen und 17-Hydroxy-20-ketonen (17-Hydroxy-C_{21}-steroiden) nach Birke et al [*444*]

Reduktion und Oxydation. Zweimal je 8 ml des 24-Stunden-Harns werden mit 0,2 ml frisch zubereiteter 20% Lösung von Kaliumborhydrid geschüttelt und wenigstens 1 Std. bei Zimmertemperatur stehengelassen. Anschließend fügt man 8,0 ml Eisessig und 3,0 g Natriumbismuthat hinzu, schüttelt unter Lichtausschluß 2 Std., zentrifugiert und überführt 2,5 ml des Überstandes in ein anderes Reagenzglas. Nach Zugabe von 3 Tropfen einer 5% (w/v) Lösung von Natriummetabisulfit und Umrühren mit einem Glasstab verdünnt man mit 2,5 ml Wasser. Enthält der Harn mehr als 0,25% Glucose, welche eine Bestimmung der 17-ketogenen Corticosteroide stört, so verdünnt man 15 ml Harn mit Wasser auf 30 ml, setzt 15 g Ammoniumsulfat hinzu und extrahiert die gesamten Konjugate viermal mit je 25 ml Äther-Äthanol (3:1 v/v). Diese Extrakte werden vereinigt, im Vakuum zur Trockne eingedampft und der Rückstand in 15 ml 0,2% (w/v) wäßriger Harnstofflösung aufgenommen. 8 ml dieser Lösung werden dann wie zuvor beschrieben weiter aufgearbeitet.

Hydrolyse und Extraktion. Zu der obigen Lösung werden 0,5 ml konz. Salzsäure hinzugegeben und die Lösung genau 15 min im siedenden Wasserbad aufbewahrt. Man kühlt ab, schüttelt das Hydrolysat 3 min mit 8 ml frisch destilliertem Äther und saugt die wäßrige Schicht sodann sorgfältig ab. Die Reinigung des Extraktes erfolgt durch Waschen mit 2,0 ml Wasser und 2,5 ml 3,0 N Natronlauge. Anschließend schüttelt man die Ätherschicht mit etwa 30 Plätzchen Natriumhydroxyd, filtriert in ein Reagenzglas und dampft die Lösung bei 45 °C zur Trockne ein.

Farbreaktion. Der Rückstand des Harnextraktes wird in einem Gemisch von 0,2 ml 2% m-Dinitrobenzol in abs. Äthanol und 0,4 ml 1,25 N Kalilauge in abs. Äthanol (stabilisiert durch Zusatz von 0,08% [w/v] Ascorbinsäure) gelöst, 60 min im Dunkeln bei 25 °C bebrütet und nach Verdünnen mit 3,4 ml abs. Äthanol gegen einen entsprechenden Reagenzienleerwert bei 460, 520 und 580 mμ photometriert. Zu jeder Harnbestimmung gehören zwei entsprechende Standards von etwa 30 μg Dehydroepiandrosteron, die nach Korrektur der maximalen Absorption gemäß der Formel von ALLEN

$$\text{Abs.}_{520} \text{ korr.} = \text{Abs.}_{520} - \frac{\text{Abs.}_{460} + \text{Abs.}_{580}}{2}$$

die quantitative Erfassung vorhandener 17-Ketosteroide in Dehydroepiandrosteron-Äquivalenten gestatten.

Ergebnisse

In 25 Wiederauffindungsversuchen mit 50 μg Pregnan-3α,17α,20α-triol und 5 Wiederauffindungsversuchen mit je 50 μg Tetrahydrocortison, welche Harnproben vor Reduktion zugesetzt worden waren, fand man in den Endextrakten 88,2 $\pm$ 7,4% Pregnantriol und 88,4 $\pm$ 6,0% Tetrahydrocortison. 688 Doppelbestimmungen in einem Konzentrationsbereich zwischen 0,0 und 79,0 mg ketogener Corticosteroide/24 Std. ergaben eine Standardabweichung der Einzelwerte zwischen 0,82–2,08 mg/24 Std., wobei die Standardabweichung für den Konzentrationsbereich zwischen 10 und 80 mg/24 Std. unter 10% lag. Die Berechnung der Empfindlichkeit aus 38 Doppelbestimmungen bei niedrigem Steroidgehalt zeigte, daß Werten unter 2,0 mg/24 Std. keine Signifikanz beigemessen werden kann. Von den verschiedenen, in der angeführten Methode erfaßten Steroiden wurden rund 80% durch eingehendere chromatographische und spektrophotometrische Untersuchungsverfahren identifiziert, was auf eine hinreichende Spezifität der Analysenmethode deutet.

In 52 Untersuchungen der Normalausscheidung von 17-Hydroxycorticosteroiden bewegte sich die Konzentration der erfaßten C_{21}-Steroide zwischen 8 und 35 mg/24 Std.

8. Bestimmung von 17-Hydroxy-20,21-ketolen, 17,20,21-Triolen, 17,20-Diolen und 17-Hydroxy-20-ketonen im Harn nach Wilson und Lipsett [454]

Reduktion und Oxydation. Zweimal je 5 ml Harn werden in graduierten 100-ml-Schliffgläsern (Durchmesser: 28,5 mm) gegebenenfalls durch Zusatz von etwa 0,4 ml 0,1 N Natronlauge auf pH 7,0 gebracht, mit 0,5 ml 10% (w/v) Natriumborhydrid in 0,1 N Natronlauge vermischt und 1 Std. bei Zimmertemperatur stehengelassen. Anschließend gibt man zur Zerstörung überschüssigen Natriumborhydrids 0,4 ml 25% (v/v) Essigsäure hinzu, wobei die Lösung schwach sauer sein soll (pH-Papier), und läßt wiederum 10 min bei Zimmertemperatur stehen. Anschließend werden 2,0 ml einer frisch zubereiteten 10% Lösung von Natriumperjodat hinzugefügt, das Reaktionsgemisch mit etwa 0,5 ml 2,5 N Natronlauge auf pH 6,6 gebracht (pH-Papier) und 75 min bei 37 °C bebrütet. Zu jeder Probe werden sogleich 0,2 ml 6,0 N Natronlauge gegeben und die Proben weitere 20 min bei 37 °C bebrütet.

Extraktion und Reinigung. Nach Abkühlen extrahiert man mit 40 ml Äther durch 30 sec Schütteln, läßt 5 min stehen und saugt vorsichtig die Harnschicht mittels einer graduierten 1-ml-Pipette ab. Die Ätherschicht wird sodann der Reihe nach mit 4,0 ml 2,5 N Natronlauge, 2,0 ml 4% Essigsäure und 4,0 ml Wasser gewaschen, über 3–4 g wasserfreiem Natriumsulfat getrocknet und vorsichtig in konisch zulaufende 50-ml-Zentrifugengläser dekantiert, wobei man mittels 4–5 ml Äther nachwäscht. Der Äther wird im warmen Wasserbad im Luftstrom verdampft und die Glaswand mit 2–3 ml Methylenchlorid abgespült. Schließlich werden die Proben im Vakuumschrank bei 50 °C innerhalb von 30 min zur vollständigen Trockne gebracht.

Farbreaktion. Zu dem Rückstand der Harnproben wie auch entsprechender Standards von zweimal je 20, 40 und 60 µg Dehydroepiandrosteron gibt man 0,4 ml 1% *m*-Dinitrobenzol in abs. Äthanol und 0,2 ml 2,5 N Kalilauge in abs. Äthanol mit Ascorbinsäurezusatz, inkubiert 1 Std. im Dunkeln bei Zimmertemperatur, verdünnt mit 1,0 ml Wasser und setzt 4,5 ml Methylenchlorid hinzu. Nach gründlichem Schütteln läßt man 3–4 min stehen, saugt die wäßrige Oberschicht vorsichtig ab und mißt die Absorption der mit 1,5 ml abs. Äthanol verdünnten und evtl. mit einigen

Kristallen Natriumsulfat bis zur völligen Klarheit versetzten Farblösung bei 520 mµ gegen einen entsprechenden Reagenzienleerwert. Letzterer sollte einen Absorptionswert von 0,050 nicht überschreiten. Da die Chromogenität der wichtigsten, bei Reduktion und nachfolgender Oxydation entstehenden Verbindung, des 11β-Hydroxy-aetiocholanolons in der Zimmermann-reaktion hinter der von Dehydroepiandrosteron zurücksteht, außerdem aber eine Umrechnung gemessenen 17-Ketosteroids in ursprünglich vorhandene 17-Hydroxycorticosteroide auf Grund der verschiedenen Molekulargewichte erforderlich ist, verwendet man einen Faktor von 1,62 (1,35 zwecks Ausgleich unterschiedlicher Chromogenität und 1,2 zur Umrechnung in C_{21}-Steroide) zur Auswertung der erhaltenen Messungen:

$$\text{mg 17-OHCS/24 Std.} = \frac{\text{Abs.}_{520} \times 1,62 \times 24\text{-Stunden-Harn-Volumen}}{K_{DHEA} \times 5 \text{ ml}},$$

$$\text{wobei } K_{DHEA} = \frac{\text{Abs.}_{520} \times 1000}{\mu g \text{ DHEA}}.$$

Ergebnisse

12 Wiederauffindungsversuche mit Tetrahydrocortison ergaben eine Wiederauffindungsrate von 94,2 ± 11%. 311 Doppelbestimmungen in einem Konzentrationsbereich von 0–59,4 mg/24 Std. erbrachten eine Standardabweichung der Einzelwerte zwischen ±0,76 und ±3,1 mg/24 Std., was etwa 10% der ermittelten Konzentrationen entspricht. Die Empfindlichkeit der Methode wird mit rund 2,0 mg/24 Std. angegeben. Anhand papierchromatographischer Verfahren wurde die Spezifität der Analysenmethode überprüft und als ausreichend befunden. Außer 11β-Hydroxy-aetiocholanolon beobachtete man lediglich eine zweite Zimmermann-positive Substanz mit der Wanderungsgeschwindigkeit von Aetiocholanolon, deren Betrag zwischen 10 und 20% erfaßter Zimmermann-chromogene liegt. Die Ausscheidung von 17-Hydroxycorticosteroiden im Harn von 33 gesunden Männern und 34 gesunden Frauen belief sich auf 13,0 und 9,4 mg/24 Std.

9. Bestimmung von freiem Cortisol im Harn nach Rosner et al [477]

Extraktion und Reinigung. 100 ml des 24-Stunden-Harns, der durch Zusatz von 5 ml 0,5% Thymol in Eisessig je 1000 ml Harn konserviert wird, versetzt man mit etwa 5000 I/min 4-^{14}C-Cortisol und extrahiert sodann durch 30 sec Schütteln mit 4 Vol frischdestilliertem Methylenchlorid. Der Harn wird vorsichtig abgesaugt und verworfen, der Extrakt zweimal mit 0,1 N Natronlauge und einmal mit 0,1 N Essigsäure gewaschen, über 5 g wasserfreiem Natriumsulfat getrocknet und durch Glaswolle in einen Schliffkolben filtriert. Die Lösung dampft man im Vakuum bei 40 °C zur Trockne ein, überführt den Rückstand mittels Methylenchlorid und Äthanol quantitativ in ein graduiertes 15-ml-Zentrifugenglas und bringt die Lösung im Vakuum zur Trockne.

Papierchromatographie. Der Rückstand wird in 1 ml Äthanol gelöst und auf Glasfaserstreifen (Glasfaserpapier Nr. 934-AHO, Reeve Angel and Comp., Inc., Clifton, N. J., wird in Streifen von 8 × 25 cm 1 Std. auf 600 °C erhitzt, abgekühlt, mit 0,1 M Kaliumdihydrogenphosphat getränkt und an der Luft getrocknet) streifenförmig aufgetragen, so daß beiderseits ein freier Rand von rund 1 cm bleibt. Die aufsteigende Entwicklung des Chromatogramms erfolgt bei Zimmertemperatur in einem Glaszylinder (15 × 30 cm) unter Verwendung des Lösungsmittelsystems Benzol/N,N-Dimethylformamid (100:1,3 v/v). Sobald die Lösungsmittelfront etwa 20 cm vom Auftragsort entfernt ist, trocknet man, schneidet die Streifen in Längsrichtung durch und legt die cortisolhaltigen Abschnitte im Streifenzählgerät fest. Sollte der Cortisolfleck zu nahe der Lösungsmittelfront liegen, so empfiehlt sich eine zweite Chromatographie des eluierten Cortisols im Lösungsmittelsystem Benzol-Aceton (100:10 v/v). Die Elution erfolgt nach dem Prinzip der Chromatographie zwischen zwei Glasplättchen, wobei dickes Filtrierpapier dochtartig in den mit Methylenchlorid-Methanol (1:1 v/v) gefüllten Trog eintaucht. Sind wenigstens 10 ml Elutionsflüssigkeit in das zum Auffangen benutzte 15-ml-Zentrifugenglas getropft, so dampft man das Eluat zur Trockne ein, nimmt in 5 ml Äthanol auf und unterwirft 1 ml dieser Lösung der Radioaktivitätsmessung in einem Flüssigkeitsszintillationsgerät, um die Verlustrate festzustellen. Die restlichen 4 ml werden zur Trockne eingedampft.

Farbreaktion. Die quantitative Bestimmung des Cortisols erfolgt nach der von Porter und Silber angegebenen Vorschrift. Die bei Aufarbeitung eintretenden Verluste werden anhand der Radioaktivitätsmessung festgestellt und rechnerisch ausgeglichen.

Ergebnisse

Von 2–20 µg Cortisol, die zu präextrahiertem Harn zugegeben worden waren, konnten in 12 Wiederauffindungsversuchen 54 bis 104% (Mittel: 79%) nachgewiesen werden, wobei die Verluste unberücksichtigt blieben. Setzte man 5–40 µg Cortisol zu normalen

Harnproben, so betrug die Wiederauffindungsrate in 5 Versuchen nach Ausgleich der Verluste 92–110% (Mittel: 101%). Im Verlaufe ausgedehnter Routineuntersuchungen belief sich die Ausbeute an 4-^{14}C-Cortisol in den Endextrakten auf durchschnittlich 65–92% (Mittel: 81%). Doppelbestimmungen von Harnproben ergaben eine Abweichung der Einzelwerte um 5,5% vom Mittel. Die Spezifität des Verfahrens beruht auf der chromatographischen Abtrennung des gesuchten Cortisols, während die Empfindlichkeit durch die Porter-Silber-reaktion gegeben ist, mit der bei Verwendung von Mikroküvetten noch etwa 0,2 µg Cortisol zu erfassen sind. Im Harn von 38 gesunden Versuchspersonen fand man eine Ausscheidung von 0–181 µg Cortisol (Mittel: 71,4 µg)/24 Std.

10. Bestimmung einzelner C_{21}-Steroide im Harn nach Starnes et al [286]

Hydrolyse, Extraktion, Reinigung und Verteilungschromatographie. Die Aufarbeitung des Harns erfolgt wie bei der Vorschrift zur Bestimmung einzelner 17-Ketosteroide. Die bei Säulenchromatographie an Aluminiumsilikat anfallende Fraktion der C_{21}-Steroide, die mittels 150 ml 30% (v/v) Chloroform in Hexan eluiert wird, kommt zur weiteren Verarbeitung.

Papierchromatographie. Ein Aliquot der C_{21}-Steroid-fraktion mit rund 2–4 mg Tetrazoliumblau-positiven Steroiden wird auf einem 20 cm breiten Papierstreifen Whatman Nr. 2 in einem 15 cm langen Streifen aufgetragen. Des weiteren bringt man beiderseits des Harnextraktes zweimal je 20 µg Cortisol und Cortison auf und chromatographiert sodann absteigend im Lösungsmittelsystem Toluol/Methanol-Wasser (2:1:1 v/v) bei 28 °C für 3–4 Std., bis die Lösungsmittelfront beinahe den unteren Rand des Chromatogramms erreicht hat. Das Chromatogramm wird über Nacht getrocknet, dicht unterhalb des im UV-Licht erkennbaren Cortisolflecks durchgeschnitten und jeder Teil in einem modifizierten Haines-Elutionsapparat mit 75 ml Chloroform und 50 ml 80% (v/v) Äthanol eluiert. Beide Eluate werden im Vakuum bei 45 bis 50 °C zur Trockne eingedampft, die Rückstände in 10 ml 95% Äthanol aufgenommen und zwei Aliquote der höher polaren Fraktion A mit jeweils 300–400 µg Tetrazoliumblau-positivem Material auf Whatman Papier Nr. 2 (20 cm breit) in zwei 5 cm langen Streifen aufgetragen. Man chromatographiert zusammen mit Cortisol als Bezugssubstanz 16 Std. bei 28 °C im Lösungsmittelsystem Benzol/Methanol-Wasser (1:1:1 v/v). Die weniger polare Fraktion B dagegen wird in zwei gleichen Hälften in ähnlicher Weise zusammen mit Cortisol, Corticosteron und 17-Hydroxy-11-desoxycorticosteron als Bezugssubstanzen im Lösungsmittelsystem Äthylenglykol/Toluol für 16 Std. rechromatographiert. Den Überlauf dieses Chromatogramms unterwirft man sodann einer dritten Chromatographie auf Whatman Papier Nr. 2 (15 cm breit) im Lösungsmittelsystem Isooctan/t-Butanol-Wasser (10:5:9 v/v) für 6–8 Std., wobei wiederum Cortisol, Corticosteron und 17-Hydroxy-11-desoxy-corticosteron als Bezugssubstanzen dienen. Von jeder Chromatogrammhälfte schneidet man einen Teststreifen ab, besprüht mit Tetrazoliumblau-reagenz (1 Vol einer Lösung von 500 mg Tetrazoliumblausalz in 100 ml 95% Äthanol und 3 Vol 10% Natronlauge), behandelt nach Farbentwicklung (4–6 min) mit 2,0 N Schwefelsäure und wäscht gründlich mit Wasser. Die entsprechenden Abschnitte der unbehandelten Chromatogrammhälften werden ausgeschnitten und über Nacht mit 20 ml 95% Äthanol eluiert.

Farbreaktion. Aliquote der verschiedenen Eluate werden einer quantitativen Bestimmung mit Tetrazoliumblausalz unterworfen. Hierzu löst man den Rückstand des betreffenden Aliquots in 1,5 ml 95% Äthanol und 0,25 ml 1% wäßrigem Tetramethylammoniumhydroxyd in 100 ml 95% Äthanol, fügt 0,25 ml einer Lösung von 500 mg Tetrazoliumblausalz in 95% Äthanol hinzu, mischt und bebrütet im Dunkeln für 25 min bei Zimmertemperatur. Nach Zugabe von 1,0 ml Eisessig mißt man schließlich die Absorption gegen einen entsprechenden Leerwert bei 520 mµ. Cortisol dient als Standard zur quantitativen Auswertung der erhaltenen Ergebnisse.

Ergebnisse

Ein Wiederauffindungsversuch mit 2,8 mg Cortisol, 2,1 mg Cortison, 2,9 mg Corticosteron und 1,7 mg Dihydrocortison führte zum Nachweis von 98,4% Cortisol, 82,8% Cortison, 91,4% Corticosteron und 59,5% Dihydrocortison. Hinsichtlich der Genauigkeit gefundener Werte erbrachte eine sechsfache Bestimmung verschiedener C_{21}-Steroide in Sammelharn folgende Ergebnisse:

0,53–0,63 mg Cortisol (Mittel: 0,59 ± 0,04 mg), 0,29–0,63 mg Cortison (Mittel: 0,37 ± 0,13 mg), 5,05–5,70 mg Tetrahydrocortisol (Mittel: 5,38 ± 0,23 mg), 2,97–3,23 mg Tetrahydrocortison (Mittel: 3,08 ± 0,10 mg), 0,91–1,54 mg Tetrahydrocorticosteron (Mittel: 1,23 ± 0,20 mg), 0,19–0,28 mg Allotetrahydrocorticosteron (Mittel: 0,24 ± 0,04 mg) und 0,24–0,35 mg Pregnan-3α,21-diol-11,20-dion (Mittel: 0,28 ± 0,04 mg). Die Gesamtmenge Tetrazoliumblaupositiver C_{21}-Steroide belief sich auf 10,43–12,59 mg (Mittel: 11,21 ± 0,71 mg). Die Spezifität vorliegender Methode wurde durch zusätzliche Chromatographie einzelner Fraktionen, weitere Farbreaktionen und Charakterisierung der bei Oxydation oder Reduktion entstehenden Verbindungen eindeutig belegt.

Die Analyse verschiedener C_{21}-Steroide im Harn von 10 gesunden Männern und 10 entsprechenden weiblichen Versuchspersonen ergab folgende Werte:

Männer

	Bereich mg/24 Std.	Mittel mg/24 Std.	Standardabweichung %
Cortisol	0,13–1,21	0,47	68
Cortison	0,11–0,70	0,33	61
Corticosteron	0 –0,97	0,29	107
4-Pregnen-21-ol-3,11,20-trion	0 –0,83	0,26	92
Tetrahydrocortisol	0,81–4,24	2,19	45
Tetrahydrocortison	1,14–5,70	3,06	41
Tetrahydrocorticosteron	0,10–0,99	0,54	50
Pregnan-3α,21-diol-11,20-dion	0,09–1,15	0,49	70
4-Pregnen-17α,21-diol-3,20-dion	0 –0,74	0,22	122
Allo-tetrahydrocortisol	0,39–1,58	0,92	43
Allo-tetrahydrocorticosteron	0,19–1,50	0,63	73
Allopregnan-3α,11β,21-triol-20-on	0 –0,65	0,17	112

Frauen

	Bereich mg/24 Std.	Mittel mg/24 Std.	Standardabweichung %
Cortisol	0 –0,88	0,27	89
Cortison	0,09–0,68	0,22	91
Corticosteron	0 –0,24	0,09	111
4-Pregnen-21-ol-3,11,20-trion	0 –0,19	0,07	86
Tetrahydrocortisol	0,78–2,95	1,19	51
Tetrahydrocortison	0,78–5,03	1,76	67
Tetrahydrocorticosteron	0,13–0,60	0,34	68
Pregnan-3α,21-diol-11,20-dion	0,06–0,67	0,30	60
4-Pregnen-17α,21-diol-3,20-dion	0 –0,27	0,07	129
Allo-tetrahydrocortisol	0,33–1,20	0,57	44
Allotetrahydrocorticosteron	0,10–0,56	0,34	62
Allopregnan-3α,11β,21-triol-20-on	0,03–0,48	0,20	75

Aldosteron

Nur Spuren freien Aldosterons werden im menschlichen Harn ausgeschieden [151, 460]. Injiziert man isotopenmarkiertes Aldosteron, so finden sich im Harn lediglich 0,2% der verabreichten Aktivität in der Fraktion des freien Aldosterons, während bis zu

40% in Form anderer reduzierter Metaboliten [*151, 349*] – vornehmlich Tetrahydroaldosteron – vorliegen, die nach enzymatischer Hydrolyse extrahiert und quantitativ bestimmt werden können [*483, 484*]. Daneben aber tritt als wichtiges Stoffwechselprodukt das in seiner Struktur noch unbekannte, sogenannte 3-Oxo-konjugat des Aldosterons auf, dessen Erfassung das Ziel der meisten Bestimmungsmethoden ist [*151, 456, 458–460, 485–487*]. Die Freisetzung dieses empfindlichen Konjugats geschieht zumeist durch eine 24stündige Bebrütung des Harns bei einem pH von 1,0 [*151, 456, 458–460, 485–487*] und einer Temperatur von 15–20 °C oder eine kontinuierliche Extraktion bei pH 1 [*487–489*]. Das freigesetzte Aldosteron läßt sich durch eine mehrfache Extraktion mit Methylenchlorid oder Chloroform praktisch quantitativ entfernen. Zum Waschen der Extrakte verwendet man im allgemeinen 0,1 bis 0,2 N Natronlauge oder aber Natriumcarbonatlösungen, wobei jedoch darauf zu achten ist, daß in ersterem Falle unter Zimmertemperatur gearbeitet werden muß, um unnötige Verluste zu vermeiden. Eine Abtrennung des Aldosterons aus dem Rohextrakt des Harns gelingt in ausreichender Weise durch Chromatographie. Hier haben sich vor allem die Lösungsmittelsysteme: Formamid/Chloroform [*456, 485, 487, 489*], Propylenglykol/Toluol [*458*], Toluol-Äthylacetat/Methanol-Wasser (90:10:50:50 v/v) [*485, 487, 489*], Petroläther-Benzol/Methanol-Wasser (33:17:40:10 v/v), Cyclohexan-Benzol/Methanol-Wasser (4:2:4:1 v/v) [*459*] und Cyclohexan-Dioxan/Methanol-Wasser (4:4:2:1 v/v) [*459*] bewährt. Eine wesentlich schnellere Trennung erreicht man durch Verwendung von Glasfaser-papier [*455*]. Demgegenüber bedienen sich nur wenige Methoden einer Säulenchromatographie [*151, 490*]. Zur Endpunktbestimmung eignen sich die Tetrazoliumblau-reaktion [*408, 485, 487*], sowie die Fluorescenz in alkalischer Lösung [*151, 455, 456, 458, 485*]. Beide Verfahren können in Lösung wie auch direkt auf dem Papier [*458, 485*] angewandt werden. Daneben erscheint jedoch eine Bestimmung des Aldosterons mit Porter-Silber-reagenz von Interesse [*489*], die nach Überführung der 20,21-Ketol-gruppe in die entsprechende 20-Keto-21-aldehydgruppe mittels Sauerstoff in Gegenwart von Kupferionen innerhalb von 40 min bei Zimmertemperatur eine Erfassung von 0,4–8 µg Aldosteron gestattet. Auch die Reaktion des Aldosterons mit 2,4-Dinitrophenylhydrazin ist für eine quantitative Bestimmung brauchbar [*488*]. Die Verwendung von radioaktiven Isotopen, sei es durch Reaktion des Aldosterons mit ^{3}H- oder ^{14}C-markiertem Essigsäureanhydrid [*459, 491*], durch Zugabe von markiertem Aldosteron zu Harn oder die vorherige Verabreichung von Aldosteron-^{3}H [*490*], bringt eine wesentliche Steigerung der Empfindlichkeit entsprechender Untersuchungsmethoden und erlaubt die Feststellung der Verlustraten, wie sie im Verlaufe von komplizierteren Methoden nun einmal unumgänglich sind.

Von den verschiedenen Bestimmungsmethoden, die im folgenden angeführt werden, kann die von NEHER und WETTSTEIN [*485*] nur als semiquantitatives Verfahren bezeichnet werden, wenngleich sie auf Grund ihrer Einfachheit bei der Routinediagnostik wertvolle Hilfe leistet. Nach Hydrolyse des 3-Oxo-konjugats und Extraktion des freien Aldosterons wird der vorgereinigte Extrakt einer zweifachen Papierchromatographie unterzogen. Die Auswertung des zweiten Chromatogramms erfolgt durch visuellen Vergleich der Farbflecke bzw. Fluorescenzflecke von Aldosteron und Cortisol bei Tetrazoliumblau-reaktion bzw. alkalischer Fluorescenz.

Die von STAUB [*455*] u. a. ausgearbeitete Vorschrift zeichnet sich durch ihre Schnelligkeit aus, die vor allem durch die nur 15 min dauernde Chromatographie auf Glasfaser-papier erreicht wird. Eine jeweils zweifache Papierchromatographie des freien Aldosterons und des Diacetats sorgt für genügende Spezifität, während die Messung der Fluorescenz des Aldosterondiacetats in einer Lösung von Kalium-t-butylat eine ausreichende Empfindlichkeit bietet.

SIEGENTHALER [*490*] u. a. verwenden statt mehrfacher Papierchromatographie eine Verteilungschromatographie an Celitesäulen, wobei einmal das freie Aldosteron, zum zweitenmal sein Acetylierungsprodukt chromatographiert wird. Die Verteilung des Aldosterons bzw. des Aldosterondiacetats auf die einzelnen Fraktionen, wie auch die Feststellung der Verlustrate erfolgt durch Messung der Radioaktivität, welche vor Beginn des Versuches in Form von 7α-^{3}H-Aldosteron injiziert wird. Auch hier wird die Messung der Fluorescenz von Aldosterondiacetat in einer Lösung von Kalium-t-butylat zur Endpunktbestimmung herangezogen.

Bei dem von KLIMAN und PETERSON [*459*] entwickelten radiochemischen Verfahren setzt man den Harnextrakt mit Essigsäureanhydrid-^{3}H um, fügt Aldosterondiacetat-^{14}C hinzu und unterwirft das Gemisch einer zweifachen Papierchromatographie. Es schließt sich nun eine Oxydation des Aldosterondiacetats durch Chromsäure an, die allerdings zu beträchtlichen, jedoch leicht feststellbaren Verlusten führen kann. Das Oxydationsprodukt wird nochmals papierchromatographisch gereinigt und sodann einer Messung von ^{3}H und ^{14}C im Szintillationszähler unterworfen. Aus dem Verhältnis der Radioaktivität von ^{3}H zu ^{14}C läßt sich die Menge ursprünglich vorhandenen Aldosterons ableiten. Daß eine derartig komplizierte und aufwendige Methode, deren Empfindlichkeit mit 0,001 µg angegeben wird, für Routineanalysen kaum in Frage kommen dürfte, sondern wissenschaftlichen Fragestellungen vorbehalten bleibt, liegt auf der Hand.

1. Bestimmung von Aldosteron im Harn nach Neher und Wettstein [*485*]

Hydrolyse, Extraktion und Reinigung. Der mit etwa 10 ml Chloroform konservierte 24-Stunden-Harn wird bei 10–15 °C mit konz. Salzsäure auf pH 1,5 gestellt, nach 24 Std. bei 15–20 °C im Scheidetrichter durch mechanisches Rühren mit viermal je 0,2 Vol Chloroform jeweils 15–20 min bei Zimmertemperatur extrahiert. Die vereinigten Extrakte (= 1 Vol) wäscht man mit 0,05 Vol kalter 0,1 N Natronlauge und dreimal mit je 0,05 Vol Wasser, reextrahiert die vereinigten Waschflüssigkeiten zweimal mit je 0,05 Vol Chloroform und dampft die kurz über Natriumsulfat getrockneten Chloroformauszüge im Vakuum bei höchstens 50 °C zur Trockne ein. Der Rückstand wird mit wenig Aceton aufgenommen, die Lösung durch etwas Watte in ein vorgewogenes Röhrchen filtriert und erneut im Vakuum eingedampft. Letzte Spuren von Feuchtigkeit lassen sich durch ein 30minütiges Erwärmen auf 60 °C im Vakuum vollständig entfernen, so daß eine ausreichende Wägung des Rückstandes möglich ist, der 10–60 mg beträgt.

Erste Papierchromatographie. Auf dem mit Formamid-Aceton (30:70 v/v) getränkten Papierstreifen (19 × 37 cm) werden 9 cm vom Rand entfernt 10–12 mg des Trockenrückstandes in 0,1 ml Methanol-Chloroform (1:1 v/v) streifenförmig so aufgetragen, daß in der Mitte eine etwa 3,5 cm breite, freie Zone bleibt, auf der man 10 µg Cortisol und 10 µg Cortison in 0,02 ml Methanol punktförmig aufbringt. Die vollständige Überführung des Extraktes gelingt durch ein dreimaliges Nachwaschen mit je 0,02 ml Methanol-Chloroform (1:1 v/v). Auf einer Seite der Startlinie trägt man außerdem 0,002–0,005 ml einer gesättigten Lösung von Sudan III in Hexan auf. Der Indikator läuft während der absteigenden Entwicklung mit Chloroform bei 20–22 °C stets mit der Front. Das Chromatogramm wird bei Zimmertemperatur getrocknet, die Flecke von Cortisol und Cortison durch Kontaktphotographie im UV-Licht festgelegt und die entsprechenden Abschnitte im Schliffkölbchen mit 20% Methanol geschüttelt bis zur Bildung eines Breies, den man nach 30 min bei Zimmertemperatur durch eine Glasfritte absaugt. Man wiederholt die Extraktion noch zweimal, engt die vereinigten Eluate im Vakuum bei 60 °C bis auf etwa 1/5 des ursprünglichen Volumens ein und schüttelt die Lösung dreimal mit je 0,5 Vol Chloroform aus. Die vereinigten Extrakte werden in einem kleinen auf 0,05 mg genau vorgewogenen Röhrchen eingedampft, 30–60 min bei 60–70 °C im Hochvakuum getrocknet und gewogen. Anstelle des hier geschilderten Elutionsverfahrens kann die Extraktion der Papierabschnitte auch im chromatographischen Verfahren durchgeführt werden.

Zweite Papierchromatographie und semiquantitative Auswertung. 100, 500 µg des Trockenrückstandes, gegebenenfalls auch 1000 µg, werden sodann zusammen mit 0,5, 1,0, 2,0, 3,0 und 5,0 µg Cortisol und 10 µg Cortison auf Einzelstreifen im Lösungsmittelsystem Toluol-Äthylacetat/Methanol-Wasser (90:10:50:50 v/v) chromatographiert. Die Sichtbarmachung der einzelnen Zonen geschieht durch Eintauchen der Streifen in eine Lösung von 1 Vol 0,1% (w/v) Tetrazoliumblausalz und 9 Vol 2 N Natronlauge. Die nach kurzer Zeit erscheinenden Farbflecke des Cortisols auf den Standardstreifen und die des Aldosterons auf den Probestreifen werden visuell verglichen. Nach 30–60 min trocknet man dann kurz für 15–20 min im Trockenschrank bei 90 °C und schwacher Ventilation und vergleicht die Fluorescenz der gleichen Flecke im UV-Licht einer Quecksilberdampflampe mit einem Filter maximaler Durchlässigkeit bei 300–370 mµ. Die Abweichung der abgeschätzten Konzentrationen soll in beiden semiquantitativen Verfahren bei niedrigen Konzentrationen 50%, bei höheren 30% nicht übersteigen.

Ergebnisse

Von 5, 10 und 20 µg Aldosteron, die 500 ml Harn zugesetzt worden waren, ließen sich 68, 76 und 86% in den entsprechenden Papierstreifen nachweisen. Die bei Papierchromatographie beobachteten Verluste betrugen 8–17%. Unter sorgfältig eingehaltenen Versuchsbedingungen kann die Standardabweichung der Einzelwerte unter 20% liegen, um bei niedrigen Konzentrationen oder in den Händen verschiedener Untersucher gelegentlich $\pm 25\%$ oder sogar $\pm 30\%$ zu erreichen. Die Empfindlichkeit der Tetrazoliumblau-reaktion liegt bei 0,2 µg/cm², die der alkalischen Fluorescenzbestimmung um 0,1 µg/cm². 52 Bestimmungen von Aldosteron im Harn von 16 gesunden Erwachsenen ergaben eine Ausscheidung von 0,5–12,5 µg/24 Std.

2. Bestimmung von Aldosteron im Harn nach Staub et al [*455*]

Extraktion und Reinigung. 0,5 Vol des 24-Stunden-Harns werden mit konz. Salzsäure auf pH 1,0 gebracht und 48 Std. bei

Zimmertemperatur stehengelassen. Um bei der nachfolgenden Extraktion die Emulsionsbildung zu vermeiden, rührt man 30 min im Scheidetrichter mit 0,2 Vol Chloroform, trennt die organische Phase ab und wiederholt die Extraktion noch dreimal in der gleichen Weise. Die vereinigten Chloroformextrakte werden dreimal mit je 0,1 Vol 0,1 N Natronlauge und zweimal mit je 0,1 Vol Wasser gewaschen. Man reextrahiert die vereinigten Waschflüssigkeiten mit 1 Vol Chloroform und dampft den gesamten Chloroformextrakt bei 40 °C im Vakuum zur Trockne ein.

Adsorptionschromatographie an Silicagel. Zwei Säulen von 12 mm Durchmesser werden mit je 0.5 ml einer Suspension von 6 g Silicagel (Davidson Chem. Co., Baltimore, Md, 100–200 mesh) in Chloroform gefüllt und zwei gleiche Aliquote des in wenig Chloroform aufgenommenen Harnextraktes, maximal aber 20 mg Trockenextrakt, auf die jeweilige Säule aufgebracht. Man eluiert zunächst mit 50 ml Chloroform-Aceton (99:1 v/v), verwirft diese Fraktion und löst dann Aldosteron mittels 100 ml Chloroform-Aceton (1:1 v/v) heraus. Letztere Fraktion wird vereinigt und zur Trockne eingedampft.

Erste Papierchromatographie. Der Trockenrückstand wird in 1,0 ml Chloroform aufgenommen und auf Glasfaserpapier (Reeve Angel and Co., Inc. Clifton NJ, Nr. 934-AH, 8 × 20 cm, 1 Std. bei 1000 °C erhitzt, abgekühlt und mit 0,1 M Kaliumdihydrogenphosphatlösung getränkt und an der Luft getrocknet) mittels einer 0,05-ml-Pipette streifenförmig 2 cm über dem unteren Rand aufgetragen, so daß an beiden Seiten jeweils 1 cm des Streifens frei bleibt. Durch Trocknen im warmen Luftstrom gelingt ein Auftragen von 4–5 Aliquoten auf einem Streifen, ohne daß dieser überladen wird. Im allgemeinen benötigt man 4 Streifen für einen Harnextrakt, wobei jedoch auf jeden Streifen höchstens 5 mg Trockenextrakt aufzutragen sind. Die Entwicklung erfolgt aufsteigend in einem Glaszylinder (15 × 30 cm) unter Verwendung des Lösungsmittelsystems Benzol-N,N-Dimethylformamid (100:1 v/v) für etwa 15 min. Das Chromatogramm wird bei 40 °C im Trockenschrank getrocknet, 3 cm unterhalb der Lösungsmittelfront und 2 cm oberhalb des Auftragungsortes durchgeschnitten und zwischen zwei Glasplatten mit Aceton eluiert. Sobald sich im Auffanggefäß 10 ml Aceton gesammelt haben, beendet man die Elution, vereinigt die gesamten Eluate und dampft sie zur Trockne ein.

Zweite Papierchromatographie. Der Rückstand wird in 0,5 ml Chloroform gelöst und auf zwei Streifen Glasfiberpapier wie zuvor aufgetragen. Gleichzeitig aber trägt man zusätzlich auf einem der Streifen 1 µg Aldosteron oder Cortisol auf. Zur aufsteigenden

Entwicklung dient das Lösungsmittelsystem Cyclohexan-Aceton (100:27 v/v). Der Teststreifen mit Aldosteron (oder Cortisol) wird abgeschnitten, mit konz. Schwefelsäure besprüht und über einer Heizplatte bis zur vollständigen Verdampfung erhitzt. Die dem grauschwarzen Fleck des Standards entsprechenden Abschnitte der beiden Chromatogramme werden wie zuvor eluiert (bei Verwendung von Cortisol als Standard schneidet man einen Abschnitt bis zu 4 cm unterhalb des Cortisons aus).

Acetylierung. Das Eluat wird in einem konisch zulaufenden Schliffröhrchen eingedampft, der Rückstand mit 0,1 ml wasserfreiem Pyridin und 0,1 ml Essigsäureanhydrid gelöst und in einem Exsiccator 12 Std. bei Zimmertemperatur aufbewahrt. Dann fügt man 1 ml 20% Äthanol hinzu, extrahiert mit 5 ml Methylenchlorid, indem man 20 sec schüttelt, zentrifugiert, wäscht den Extrakt zweimal mit je 1,0 ml Wasser und dampft zur Trockne ein. In gleicher Weise werden 5,0 µg Aldosteron acetyliert.

Dritte und vierte Papierchromatographie. Der Rückstand des Harnextraktes und des Standards wird in jeweils 0,05 ml Benzol gelöst und auf getrennten Streifen von Glasfiber-papier aufgetragen. Desweiteren chromatographiert man auf einem dritten Streifen Aldosterondiacetat als Bezugssubstanz. Die Entwicklung geschieht aufsteigend mit Benzol-N,N-Dimethylformamid (100:0,025 v/v). Die Abschnitte der Streifen mit Harnextrakt und Standard, die in ihrem R_f-Wert der Bezugssubstanz (Aldosterondiacetat) entsprechen, werden eluiert, die Eluate zur Trockne eingedampft und die Rückstände von Harnextrakt und Standard zusammen mit Aldosterondiacetat als Bezugssubstanz im Lösungsmittelsystem Toluol-Äthylacetat (100:1 v/v) rechromatographiert. Die Aldosteron enthaltenden Abschnitte werden anhand des R_f-Wertes der Bezugssubstanz ermittelt, ausgeschnitten, mit 10 ml Aceton eluiert und die Eluate zur Trockne eingedampft.

Fluorometrische Bestimmung. Man löst den Rückstand der Proben in 0,5 ml Benzol, überführt die Lösungen in entsprechende Küvetten und trocknet im Vakuumexsiccator über konz. Schwefelsäure. Anschließend werden 0,5 ml Kalium-t-butylat-reagenz (1 g Kalium in t-Butanol wird 2–3 min unter Stickstoff am Rückfluß gekocht, mehrmals mit kleinen Portionen t-Butanol gewaschen und schließlich mit 40 ml t-Butanol bis zur vollständigen Lösung unter Rückfluß erhitzt. Der Gehalt des über Kaliumhydroxyd im Exsiccator aufbewahrten Reagenzes wird durch Titration mit 0,1 N Salzsäure festgelegt) hinzugegeben und die Röhrchen, die mit Aluminiumfolie umwickelten Korken verschlossen sind, 1 Std. bei Zimmertemperatur aufbewahrt. Man schüttelt nochmals, mißt die Fluorescenz im Farrand Fluorometer, Modell A und bestimmt die Konzentration der Harnprobe anhand der Fluorescenz des mitgeführten Standards. Das bei der Fluorometrie benutzte Primärfilter soll eine maximale Durchlässigkeit bei 365 mµ, das Sekundärfilter eine solche bei 560 mµ gewährleisten.

Ergebnisse

In 5 Wiederauffindungsversuchen, in denen 10 µg Aldosteron nach der Hydrolyse zugesetzt worden waren, schwankte die Wiederauffindungsrate zwischen 78,0 und 82%, bei einem Mittel von 80,5%. Doppelbestimmungen des Aldosterons in vier Harnproben gesunder Versuchspersonen ergaben eine Abweichung der Einzelwerte zwischen 0 und 14% (Mittel: ±6,2%). Die Empfindlichkeit der fluorometrischen Endpunktbestimmung liegt bei 0,25 bis 0,5 µg. Für die Spezifität der Methode sorgt eine zweifache Chromatographie des freien wie auch des acetylierten Aldosterons, deren Wirksamkeit durch zusätzliche Papierchromatographie und Reaktion mit Tetrazoliumblausalz überprüft wurde.

Im Harn von 16 gesunden Männern und 14 gesunden Frauen fand man eine Ausscheidung von 3,0–16,0 µg Aldosteron/24 Std.

3. Bestimmung von Aldosteron im Harn nach Siegenthaler et al [*490*]

Hydrolyse, Extraktion und Reinigung. Die Sammlung des Harns erfolgt unmittelbar nach der intravenösen Verabreichung von 0,05 µg 7α-^{3}H-Aldosteron mit 1 µC in 0,1 ml 95% Äthanol und 9,9 ml physiol. Kochsalzlösung. Nach evtl. Entnahme verschiedener Aliquote des 24-Stunden-Harns zur Bestimmung anderer Steroide und einer Extraktion mit Chloroform wird der restliche Harn auf pH 1,0 gebracht (pH-Meter mit Glaselektrode) durch Zusatz von konz. Salzsäure und 24 Std. bei Zimmertemperatur stehengelassen. Anschließend extrahiert man viermal mit je 0,25 Vol Chloroform, gibt den Gesamtextrakt über Natriumsulfat, kühlt und wäscht bei 4 °C einmal mit 0,1 Vol 0,1 N Natronlauge und zweimal mit je 0,1 Vol Wasser. Der Extrakt wird über Natriumsulfat getrocknet und Chloroform im Vakuum bei 37 °C abgedampft.

Adsorptionschromatographie an Silicagel. Der Trockenrückstand wird in 15–20 ml Petroläther-Äthylacetat (1:1 v/v) gelöst und auf eine Säule (1 cm Durchmesser) aus 2 g Silicagel (Davidson, Chem. Comp. Baltimore. Md, 60–200 mesh) gegeben. Man wäscht die Säule mit 10 ml Petroläther-Äthylacetat (1:1 v/v), eluiert das

Aldosteron mit 7 ml Äthylacetat-Methanol (1:1 v/v) und dampft das Eluat zur Trockne ein.

Erste und zweite Verteilungschromatographie an Celite. Die erste Verteilungschromatographie des gereinigten Aldosterons erfolgt an einer Säule (1 × 30 cm) aus 14 g Celite 545 (Johns Manville Co., mit konz. Salzsäure und Wasser gewaschen und bei 120 °C getrocknet) unter Verwendung des Lösungsmittelsystems Toluol/ Methanol-Wasser (100:50:50 v/v). Hierzu löst man den Rückstand des Harnextraktes in 1 ml Toluol, welches mit 50% (v/v) Methanol gesättigt ist, bringt die Lösung auf die Säule und spült zweimal mit je 0,5 ml des gleichen Lösungsmittels nach. Bei Elution der Säule mit der mobilen Phase werden 5 ml Fraktionen aufgefangen und Aliquote im Scintillationszähler oder Gasdurchflußzähler auf Radioaktivität geprüft. Aldosteron tritt meist in der 13.–15. Fraktion auf. Diese werden sodann vereinigt und eingedampft. Den Rückstand nimmt man in 1 ml der nächsten mobilen Phase des Lösungsmittelsystems Isooctan-t-Butanol/Wasser (500:250:450 v/v) auf, welches für die zweite Verteilungschromatographie an 16–18 g Celite 545 vorgesehen ist, wobei auf 1 g Celite 0,3 ml stationärer Phase kommen. Die Lösung des aldosteronhaltigen Extraktes wird auf die Säule gebracht, die man sodann mit mobiler Phase eluiert. Aldosteron erscheint nach Elution von etwa 55 bis 70 ml. Die entsprechenden, 5 ml betragenden Fraktionen werden wiederum vereinigt und zur Trockne eingedampft.

Acetylierung. Man löst den Rückstand in 0,3 ml wasserfreiem Pyridin, gibt 0,15 ml Essigsäureanhydrid hinzu und läßt 18 Std. bei Zimmertemperatur stehen, bevor man im Vakuum zur Trockne eindampft.

Dritte Verteilungschromatographie an Celite. Für die Verteilungschromatographie des Aldosterondiacetats empfiehlt sich das Lösungsmittelsystem Isooctan-Benzol/Methanol-Wasser (130:65: 80:20 v/v), von dessen stationärer Phase 0,5 ml/g Celite 545 benutzt werden. Nach Elution der Säule mit mobiler Phase werden 3-ml-Aliquote aller 5-ml-Fraktionen – Aldosterondiacetat befindet sich in den nach Durchlauf von 55–70 ml gesammelten Fraktionen – zur Trockne eingedampft.

Fluorometrische Bestimmung. Den Rückstand der Säuleneluate löst man in 0,5 ml Kalium-t-butylat-reagenz (1 g Kalium wird abgepreßt, 2–3 min unter Stickstoff mit t-Butanol unter Rückfluß gekocht, das geschmolzene Kalium mehrmals mit wenig t-Butanol gewaschen und dann durch Kochen in 40 ml t-Butanol vollständig gelöst, wobei der Titer, der 0,12–0,24 Normalität entsprechen soll, durch Titration mit 0,1 N Salzsäure zu ermitteln ist), läßt 90 min bei Zimmertemperatur stehen und mißt die Fluorescenz in einem Turner Fluorometer Modell 110 unter Verwendung eines Primärfilters Corning Nr. 5840 und eines Sekundärfilters Kodak-Wratten Nr. 23 A. Anhand der Fluorescenz geeigneter Standardmengen an Aldosteron läßt sich die Konzentration des Steroids in den einzelnen Fraktionen bzw. in der aufgearbeiteten Harnprobe feststellen. Eine gleichzeitige Messung der Radioaktivität in den einzelnen Fraktionen gestattet die Bestimmung der spezifischen Radioaktivität und damit auch eine Abschätzung der Sekretionsrate.

Ergebnisse

Die vorliegende Methode, die als Modifikation des Verfahrens von FLOOD u. a. zur Bestimmung von Aldosteron im Harn angesehen werden kann, dürfte auch in ihren Zuverlässigkeitskriterien jener entsprechen. Die Genauigkeit der zweiten Bestimmungsmethode aber beträgt rund 5%, während die Wiederauffindungsrate bei 74% liegt. Durch die dreifache Verteilungschromatographie ist eine ausreichende Spezifität gewährleistet.

Die Ausscheidung von Aldosteron im Harn von 6 Männern im Alter zwischen 24 und 51 Jahren und von 4 Frauen im Alter zwischen 25 und 37 Jahren belief sich auf 4–16 µg (Mittel: 9 µg) bzw. 7–15 µg (Mittel: 13 µg) je 24 Std.

4. Bestimmung von Aldosteron im Harn nach Kliman und Peterson [459]

Extraktion. 5–30 ml Harn werden mit 0,1 ml konz. Salzsäure/ 10 ml versetzt, auf pH 1,0 (pH-Meter) gebracht und 24 Std. bei Zimmertemperatur stehengelassen. Anschließend schüttelt man in einem graduierten Meßzylinder mit Schliffstopfen mit 6 oder 7 Vol Methylenchlorid für 15–20 sec, entfernt die wäßrige Oberschicht durch Absaugen und wäscht der Reihe nach mit 0,1 Vol 0,1 N Natronlauge, 0,1 Vol 0,1 N Essigsäure und 0,1 Vol Wasser, bevor der Extrakt zur Trockne eingedampft wird.

Acetylierung. Den Rückstand überführt man mit wenig Äthanol in ein konisch zulaufendes, mit Schliffstopfen versehenes 6,5-ml-Reagenzglas, trocknet im Luftstrom bei 30–40 °C, wobei die Wände des Röhrchens mit wenig Äthanol abgespült werden, um den Extrakt in der Spitze zu sammeln, und trocknet über Nacht im Exsiccator über Calciumchlorid oder im Vakuumofen bei Zimmertemperatur und einem Druck von 1–10 mm für 1–2 Std. Zur Acetylierung werden dann 0,025 ml wasserfreies Pyridin und 0,03 ml Essigsäureanhydrid-^{3}H hinzugegeben. Den Rückstand löst man durch Rotieren des Röhrchens, fügt nach 24 Std. bei 37 °C eine bekannte Menge Aldosterondiacetat-^{14}C (rund 1000 I/min in 0,1 ml Äthanol) sowie 0,5 ml Wasser und 5 ml Tetrachlorkohlenstoff hinzu und wäscht den Extrakt mit Wasser, bevor er zur Trockne eingedampft wird.

Erste Papierchromatographie. Die erste Papierchromatographie erfolgt auf Whatman Nr. 1 Papierstreifen (18 × 55 cm) im Lösungsmittelsystem Cyclohexan-Benzol/Methanol-Wasser (4:2:4:1 v/v) unter Verwendung von 30 µg 4-Androsten-3,11,17-trion (Adrenosteron) als Bezugssubstanz. Nach etwa 1stündigem Equilibrieren bei 25 ± 1 °C entwickelt man absteigend für 14–18 Std., legt den Adrenosteronfleck im UV-Licht fest und eluiert den entsprechenden Abschnitt mit 5 ml Methanol in einem Reagenzglas. Das Papier wird nach wenigen Minuten mit einem Holzstäbchen herausgenommen, mit etwas Äthanol abgespült und das Eluat sodann bei 30–40 °C im Luftstrom eingedampft. Nach Zugabe von 15 µg 4-Pregnen-17α-ol-3,11,20-trion (21-Desoxycorticosteron) chromatographiert man den Rückstand absteigend nach 18–20 Std. Equilibrieren im Lösungsmittelsystem Cyclohexan-Dioxan/Methanol-Wasser (4:4:2:1 v/v) für 18 Std., markiert den 21-Desoxycorticosteronfleck im UV-Licht und eluiert den entsprechenden, jedoch 1 cm darüber hinausgehenden Abschnitt mit Aldosterondiacetat, da dieses in 18 Std. rund 1 cm weiter wandert als die Bezugssubstanz. Sind die Flecke von 21-Desoxycorticosteron und Aldosterondiacetat rund 30–35 cm vom Auftragungsort entfernt, so liegt der Fleck von Adrenosteron etwa 35–40 cm unterhalb der Startlinie. Das methanolische Eluat wird in einem mit Schliffstopfen versehenen 18-ml-Reagenzglas (21 × 115 mm) bei 30 bis 40 °C im Luftstrom zur Trockne eingedampft.

Oxydation. Der Trockenrückstand wird mit 0,1 ml 0,5% (w/v) Chromtrioxyd in Eisessig versetzt, das Reaktionsgemisch 5–10 min bei Zimmertemperatur aufbewahrt und mit 1 ml 20% Äthanol und 10 ml Methylenchlorid 10–15 sec geschüttelt. Man verwirft die wäßrige Lösung, wäscht den Extrakt mit 1 ml Wasser und dampft im Luftstrom bei 30–40 °C zur Trockne ein.

Zweite Papierchromatographie. Nach Zugabe von weiteren 10 µg 21-Desoxycorticosteron wird das Oxydationsprodukt im Lösungsmittelsystem Cyclohexan-Benzol/Methanol-Wasser (4:3:4:1 v/v) bei rund 1stündigem Equilibrieren 16–18 Std. absteigend chromatographiert. Der rund 25–30 cm weit gewanderte Fleck der Oxydationsprodukte von 21-Desoxycorticosteron und Aldosterondiacetat wird direkt in die zur Radioaktivitätsmessung bestimmten Fläschchen („Crystallite vials". Wheaton Glass Comp.) eluiert, das

Eluat im Luftstrom zur Trockne eingedampft und der Rückstand mit 5 ml einer 0,4% POP (2,5-Diphenyloxazol) und 0,004% POPOP (1,4-Di-2[5-phenyloxazolyl]-benzol) enthaltenden Toluollösung aufgenommen.

Messung der Radioaktivität. Die Radioaktivität der ^{3}H- und ^{14}C-enthaltenden Verbindung wird im Packard Tri-Carb Scintillationszähler gemessen. Gewöhnlich beträgt die Wiederauffindungsrate des ^{14}C-markierten Aldosterondiacetats nur 10–25%, wobei die Hälfte der Verluste im Verlauf der Oxydation eintritt. Erfolgt die Messung von ^{3}H + ^{14}C bei einer Spannung von 1400 V, so beträgt die Spannung bei Festlegung der Aktivität von ^{14}C nur 800 V. Die Genauigkeit der Messungen beläuft sich dabei auf $\pm 1,5\%$ bzw. $\pm 3,5\%$. Schwankungen, wie sie bei der Bestimmung der Radioaktivität von ^{14}C beobachtet werden, können durch Bezug auf einen Standard in zugeschmolzenen Fläschchen ausgeglichen werden. Desgleichen läßt sich der im allgemeinen zu vernachlässigende Beitrag von ^{3}H zur gemessenen ^{14}C-Radioaktivität durch Radioanalyse eines ^{3}H-Standards bei 1400 und 800 V ermitteln und wenn erforderlich als Korrekturfaktor einsetzen.

Ist m = Radioaktivität von ^{3}H und ^{14}C bei 1400 V, weniger „background", in I/m,

c = Radioaktivität von ^{14}C bei 800 V, weniger „background", in I/min,

$r = \dfrac{\text{Radioaktivität von } ^{14}\text{C bei 1400 V}}{\text{Radioaktivität von } ^{14}\text{C bei 800 V}}$, in I/min,

C = Radioaktivität von ^{14}C des zugesetzten Standards bei 800 V, in I/min,

s = spezifische Radioaktivität von Aldosterondiacetat-^{3}H bei 1400 V, in I/min/nMol,

M = Molekulargewicht von Aldosteron,

so beträgt die bei Acetylierung vorliegende Menge Aldosteron in μg

$$\frac{(m - c \cdot r)\, C/c}{s} \cdot \frac{M}{1000},$$

woraus sich die im 24-Stunden-Harn ausgeschiedene Menge Aldosteron leicht errechnen läßt.

Herstellung von Reagenzien und Standard

Essigsäureanhydrid-^{3}H. 1 mMol Essigsäureanhydrid-^{3}H mit 400 mC/mMol wird mit 2 oder 3 mMol destilliertem Essigsäureanhydrid und wasserfreiem Benzol derart verdünnt, daß die Endkonzentration 15–20% beträgt. Das Reagenz wird zusammen mit Benzol über Calciumchlorid aufbewahrt.

Aldosterondiacetat-^{14}C. 1,0 mg Aldosteron wird mit 0,3 ml 15 bis 20% Essigsäureanhydrid-1-^{14}C (1–5 mC/mMol) in Benzol und 0,025 ml Pyridin versetzt, nach 24 Std. bei 37 °C wie bei den Harnproben beschrieben zwischen wäßrigem Äthanol und Methylenchlorid verteilt und durch Papierchromatographie in den beiden ersten Lösungsmittelsystemen gereinigt. Nach der zweiten Papierchromatographie verdünnt man das eluierte Material mit so viel Äthanol, daß 1 ml etwa 8000–12000 I/min enthält.

Zur Bestimmung der spezifischen Radioaktivität des Essigsäureanhydrids-^{3}H werden 0,5 mg Cortisol mit 0,03 ml des Essigsäureanhydrids-^{3}H und 0,025 ml Pyridin in einem verschlossenen Reagenzglas 18 Std. bei 25 °C stehengelassen. Man gibt 0,25 ml 25% Äthanol und 5 Vol Methylenchlorid hinzu, schüttelt, wäscht den organischen Extrakt mit 0,5 ml Wasser und dampft die mit etwas Äthanol versetzte Lösung bei 35–40 °C zur Trockne ein. Der Rückstand mit Cortisolacetat-^{3}H wird auf Whatman Nr. 1 Papierstreifen (18 × 55 cm) für 18–20 Std. im Lösungsmittelsystem Cyclohexan-Benzol/Methanol-Wasser (4:3:4:1 v/v) und anschließend für 18–20 Std. im System Cyclohexan-Dioxan/Methanol-Wasser (4:4:2:1 v/v) chromatographiert. Nach Elution mit Äthanol wird mit dem gleichen Lösungsmittel auf 25 ml aufgefüllt und die Konzentration des Cortisolacetats-^{3}H durch Messung der UV-Absorption bei 242 mµ, der Porter-Silber-reaktion sowie eines fluorometrischen Vergleichs mit authentischem Cortisolacetat ermittelt. Die nachfolgende Messung der Radioaktivität gestattet die Festlegung der spezifischen Radioaktivität in I/min/mMol.

Ergebnisse

Nach Zusatz von 0,96 und 1,12 µg Aldosteron zu 0,01 Vol des 24-Stunden-Harns konnten in insgesamt 12 Versuchen 86–110% der zugefügten Menge (Mittel: 93,8%) wiedergefunden werden. Drei Sechsfachbestimmungen verschiedener Harnproben ergaben bei einer gesunden Versuchsperson eine Ausscheidung von 12,5 ± 1,7 µg, bei einem Patienten mit Cirrhose 198 ± 29 µg und bei einem Patienten mit Addison-Krankheit 1,15 ± 1,0 µg/24 Std. Bei normalen und erhöhten Aldosteronwerten belief sich die Genauigkeit auf ±13,6%, bei niedriger Konzentration auf ±14,5%, was in Anbetracht der komplizierten Aufarbeitung als ausreichend anzusehen ist. Die Empfindlichkeit der Methode, die von der spezifischen Radioaktivität des Essigsäureanhydrid-^{3}H abhängt, liegt bei 0,001 µg Aldosteron. Die Radioaktivität des Aldosterondiacetats muß jedoch wenigstens das Fünffache des „background" betragen. Was die Spezifität des Verfahrens angeht, so wurde diese durch die Einführung des Oxydationsschrittes wesentlich erhöht und kann auf Grund einer konstanten spezifischen Radioaktivität isolierten Materials während der verschiedenen Reinigungsschritte als gesichert gelten. Außerdem aber entsprachen die Ergebnisse, welche mit der hier beschriebenen Methode gewonnen wurden, weitgehend denen, die mit einem anderen Verfahren (Zugabe von Aldosteron-^{3}H zur Harnprobe, mehrfache papierchromatographische Reinigung des Extraktes, Acetylierung mit Essigsäureanhydrid-^{14}C und Messung der Radioaktivität) erhalten wurden.

Die Normalausscheidung von Aldosteron betrug nach vorliegender Methode 9,5 µg/24 Std.

Reinigung von Lösungsmitteln und Reagenzien

Da die im Handel erhältlichen Lösungsmittel und Reagenzien zumeist in unterschiedlicher Qualität vorliegen, ihre Reinheit jedoch die Vorbedingung für eine zuverlässige Bestimmung gesuchter Steroide ist – insbesondere was Chromatographie und Farbreaktionen oder Fluorescenzmessungen angeht –, so erscheint es zweckmäßig, kurz auf einige Reinigungsverfahren einzugehen. Lösungsmittel, selbst solche von analytischer Reinheit, werden heute bereits in der Mehrzahl aller endokrinologischen Laboratorien durch zusätzliche Destillation, gegebenenfalls über geeigneten Reagenzien destilliert. Die Verwendung von passenden Kolonnen erleichtert dabei die Abtrennung der reinen Fraktionen. Feste Reagenzien lassen sich durch Umkristallisieren aus entsprechenden Lösungsmitteln, evtl. in Gegenwart von Aktivkohle in reiner Form erhalten. Die im folgenden angeführten Methoden haben sich in der Steroidanalytik besonders bewährt.

Gesättigte Kohlenwasserstoffe: Petroläther, Hexan, Cyclohexan, Methylcyclohexan. Man schüttelt wiederholt mit 0,1 Vol konz. Schwefelsäure, bis letztere nur noch schwach verfärbt wird, wäscht mit Wasser, 80% Natriumbicarbonatlösung und mehrmals mit Wasser, destilliert nach Trocknen über Natriumsulfat und Filtration und destilliert das Lösungsmittel noch zweimal. Auch eine

Destillation über festem Natriumhydroxyd, wobei 0,1 Vol Vorlauf und Nachlauf verworfen werden, genügt den meisten Ansprüchen. Um gesättigte Kohlenwasserstoffe in wasserfreier Form zu erhalten, läßt man sie mehrere Tage über Natrium stehen und destilliert sodann.

Aromatische Kohlenwasserstoffe: Benzol, Toluol. Eine ausreichende Reinigung von Benzol und Toluol gelingt durch eine zweimalige Destillation über 30 g Natriumhydroxyd/Liter Lösungsmittel. Des weiteren kann nach folgender Vorschrift vorgegangen werden: 1 Liter Lösungsmittel wird mit 2-3 g Aluminiumchlorid unter Rückfluß gekocht, nach 24 Std. dekantiert, zweimal mit je 0,25 Vol ges. Kaliumcarbonatlösung und zweimal mit je 0,25 Vol Wasser gewaschen und über Calciumchlorid getrocknet. Man filtriert und destilliert an einer wenigstens 60 cm langen, mit Raschigringen gefüllten Kolonne. Auch die für gesättigte Kohlenwasserstoffe angegebenen Verfahren lassen sich zur Reinigung von Benzol und Toluol verwenden.

Äther. Äther kann durch Waschen mit 0,1 Vol 20% Natronlauge und ausreichend Wasser, Trocknen über Calciumchlorid und anschließende Destillation gereinigt werden (Kp 34,6 °C).

Dioxan. Man läßt das Lösungsmittel mehrere Tage über festem Kaliumhydroxyd stehen und destilliert im Vakuum über weiterem Kaliumhydroxyd (Kp 100,8 °C).

Aceton. Wird verdünnte Kaliumpermangantlösung durch Aceton entfärbt, so empfiehlt sich eine Destillation über festem Kaliumpermanganat, während zur Herstellung von wasserfreiem Aceton eine Destillation über Kaliumcarbonat erforderlich ist (Kp 56,3 °C).

Tetrachlorkohlenstoff, Chloroform, Methylenchlorid. Bei verhältnismäßig reinen chlorierten Kohlenwasserstoffen genügt zumeist ein dreimaliges Waschen mit je 0,25 Vol Wasser, Trocknen über Natriumsulfat und eine zweimalige Destillation über wasserfreiem Kaliumcarbonat. Auch eine Destillation über 50 g Natriumhydroxyd/Liter entspricht den Anforderungen an ein Reinigungsverfahren. In mehreren Laboratorien verwendet man ferner eine Säulenchromatographie an Silicagel (Davison Chem. Co., 200 mesh), wobei eine Säule von 5 × 20 cm aktiviertem Silicagel zur Reinigung von rund 4 Litern Lösungsmittel ausreicht. Zuletzt sei auf eine weitere Vorschrift hingewiesen, nach der das Lösungsmittel wiederholt mit 0,5 Vol konz. Schwefelsäure geschüttelt wird, bis keine Gelbfärbung mehr auftritt. Es schließt sich ein Waschen mit Wasser bis zu neutraler Reaktion, Trocknen über Natriumsulfat und die Destillation an (Tetrachlorkohlenstoff: Kp 76,7 °C, Chloroform: Kp 61,2 °C, Methylenchlorid: Kp 41,6 °C).

Äthylacetat. Zur Entfernung von Verunreinigungen wird Äthylacetat mit 1 Vol 5% Natriumcarbonatlösung geschüttelt, über festem Kaliumcarbonat am Rückfluß gekocht und anschließend destilliert. Statt dessen kann man Äthylacetat 12–24 Std. über 25 g Natriumhydroxyd/Liter unter Rückfluß kochen und destillieren, oder aber über gepulvertem Calciumoxyd destillieren, um ein brauchbares Lösungsmittel zu erhalten (Kp 77,1 °C).

Methanol. 1 Liter abs. Methanol wird mit 0,5 g 2,4-Dinitrophenylhydrazinhydrochlorid und 0,5 ml konz. Salzsäure unter Lichtausschluß 15–18 Std. stehengelassen, bevor man an einer Vigreuxkolonne destilliert, die ersten 100 ml Destillat verwirft und die bei 65 °C übergehende Fraktion nochmals destilliert (Kp 64,7 °C).

Äthanol. Im allgemeinen genügt eine Destillation über 30 g Natriumhydroxyd mit nachfolgender zweimaliger Redestillation den üblichen Erfordernissen. Oder aber man läßt Äthanol über 300 g Calciumoxyd/Liter über Nacht stehen, kocht 1 Std. unter Rückfluß und destilliert. Zu dem aus 75 ml vorgetrocknetem Äthanol, 5 g Magnesiumspänen und 0,5 g Jod bereiteten Magnesiumäthoxyd gibt man 925 ml Äthanol, kocht 4 Std. am Rückfluß und destilliert. Bei einem weiteren Reinigungsverfahren werden 1000 ml abs. Äthanol 12 Std. mit 50 g Zinkstaub und 50 g Natriumhydroxyd behandelt, filtriert und nach Zusatz von 2,5 g m-Phenylendiaminhydrochlorid eine Woche unter Lichtausschluß bei Zimmertemperatur aufbewahrt. Es folgen Filtration und zweimalige Destillation. Anstelle der genannten Verfahren läßt sich auch eine Behandlung des abs. Äthanols mit 2,5 g Bleiacetat und 5 g Kaliumhydroxyd/Liter mit anschließender Destillation unter Verwerfen der ersten 75 und letzten 50 ml des Destillats verwenden (Kp 78,3 °C).

Butanol. Butanol wird je einmal über 25 g Thioharnstoff/Liter und festem Natriumhydroxyd destilliert, wobei jeweils 0,2 Vol des Destillats als Vor- und Nachlauf verworfen werden (Kp 117 °C).

Formamid. Formamid läßt sich durch Behandlung mit geeignetem Ionenaustauscher und nachfolgender Vakuumdestillation reinigen (Kp 105 °C).

Pyridin. Man kocht Pyridin 4–6 Std. unter Rückfluß über Kaliumhydroxyd oder Bariumoxyd und destilliert, gegebenenfalls im Vakuum (Kp 115,5 °C).

Essigsäure. Essigsäure wird 4–6 Std. mit einem Überschuß an Chromtrioxyd unter Rückfluß gekocht und nach Dekantieren über frischem Chromtrioxyd fraktioniert destilliert (Kp 118,1 °C).

Essigsäureanhydrid. Man kocht Essigsäureanhydrid 4–6 Std. über Calciumcarbid und destilliert, wobei lediglich die bei 139 °C übergehende Fraktion gesammelt wird.

Tetrazoliumblausalz. Zur Reinigung des Tetrazoliumblausalzes löst man 5 g handelsüblicher Ware in heißem 95% Äthanol, gibt 1 g Aktivkohle hinzu, läßt wenigstens 30 min bei 60 °C stehen und filtriert. Das Filtrat wird auf Zimmertemperatur abgekühlt, mit Äther bis zur schwach gelblichen Trübung versetzt und im Eisschrank aufbewahrt. Die ausgefallenen Kristalle werden abgesaugt und im Vakuumexsiccator getrocknet.

Phenylhydrazinhydrochlorid. Phenylhydrazinhydrochlorid wird durch dreimaliges Umkristallisieren in Gegenwart von Aktivkohle gereinigt.

***m*-Dinitrobenzol.** Zur Reinigung des im Handel erhältlichen *m*-Dinitrobenzols, reinst, löst man 20 g in 750 ml Äthanol, versetzt mit 100 ml 2 N Natronlauge und nach 5 min mit 2500 ml Wasser. Der Niederschlag wird abgesaugt, mit viel Wasser gewaschen und zweimal aus 120 bzw. 80 ml abs. Äthanol umkristallisiert. 1 Vol einer 1% Lösung darf mit 1 Vol 2 N Natronlauge innerhalb von 1 Std. keinerlei Färbung ergeben (Fp 90,5–91,0 °C). Unter Umständen reicht bereits ein Umkristallisieren aus der 5fachen Menge an 95% Äthanol unter Zusatz von 0,5 g Aktivkohle/g *m*-Dinitrobenzol aus.

Zuverlässigkeitskriterien

Wie bereits in Vorwort und Einleitung erwähnt, stellen die Zuverlässigkeitskriterien einer analytischen Methode das objektive Maß für ihre Brauchbarkeit dar. Die durch Wiederauffindungsversuche mit verschiedenen Konzentrationen feststellbare Richtigkeit („accuracy") der Analysenergebnisse ist ebenso wichtig wie die Genauigkeit („precision"), die sich aus der Abweichung der Einzelwerte bei Mehrfachbestimmungen erkennen läßt. Daß auch die Empfindlichkeit („sensitivity") einer Methode, d.h. die kleinste meßbare und von Null signifikant unterscheidbare Konzentration in Anbetracht der oft überaus geringen Steroid-konzentrationen im Harn eine bedeutende Rolle spielt, liegt auf der Hand. Des weiteren sollte bei der Auswahl einer Bestimmungsmethode auf ihre Spezifität („specificity") geachtet werden, die eine praktisch ausschließliche Erfassung der gesuchten Verbindung zu gewährleisten hat. Sind alle Anforderungen hinsichtlich der genannten Zuverlässigkeitskriterien erfüllt, so dürfte letztlich auch die Anwendbarkeit („applicability") eines Verfahrens, welche sich aus dem materiellen und arbeitsmäßigen Aufwand ergibt, für das klinische wie auch das wissenschaftliche Laboratorium nicht ohne Interesse sein.

Was eine ausführlichere, statistische Erläuterung der Zuverlässigkeitskriterien angeht, wie sie in einschlägigen Arbeiten zu finden ist [*155–157*], so sei auf das entsprechende Kapitel in der vorangegangenen Monographie „Chemische Bestimmung von Steroiden im menschlichen Plasma" hingewiesen.

Literatur

[1] ZIMMERMANN, W.: Chem. Bestimmungsmethoden von Steroidhormonen in Körperflüssigkeiten. Berlin-Göttingen-Heidelberg: Springer 1955.
[2] DORFMAN, R. I.: Methods in Hormone Res. Vol. 1. New York-London: Academic Press 1962.
[3] PETERSON, R. E.: Recent Progr. Hormone Res. 15, 231 (1959).
[4] LAUMAS, K. R., J. F. TAIT and S. A. S. TAIT: Acta endocr. 36, 265 (1961).
[5] ROMANOFF, L. P., C. W. MORRIS, P. WELCH, M. GRACE and G. PINCUS: J. clin. Endocr. 23, 286 (1963).
[6] VANDE WIELE, R. L., P. C. MACDONALD, E. BOLTE and S. LIEBERMAN: J. clin. Endocr. 22, 1208 (1962).
[7] VANDE WIELE, R. L., M. ANGERS, E. GURPIDE and S. LIEBERMAN: Excerpta med. 57, 274 (1962).
[8] FUNK, C. B. and B. HARROW: Biochem. J. 24, 1678 (1930).
[9] MUNSON, P. L., T. F. GALLAGHER and F. C. KOCH: J. biol. Chem. 152, 67 (1944).
[10] VENNING, E. H., M. M. HOFFMANN and J. S. L. BROWNE: J. biol. Chem. 146, 369 (1942).
[11] COHEN, H., and P. W. BATES: Endocrinology 45, 86 (1949).
[12] LIEBERMAN, S., and K. DOBRINER: Recent Progr. Hormone Res. 6, 71 (1948).
[13] MASON, H. L.: Recent Progr. Hormone Res. 3, 103 (1948).
[14] ONESON, I. B., and S. L. COHEN: Endocrinology 51, 173 (1952).
[15] WEST, C. D., H. REICH and L. T. SAMUELS: J. biol. Chem. 193, 219 (1951).
[16] VENNING, E. H., and J. S. L. BROWNE: Proc. Soc. exp. Biol. 34, 792 (1936).
[17] BAGGETT, B., J. H. GLICK and R. A. KINSELLA: J. clin. Invest. 31, 615 (1952).
[18] MASON, M., and E. GULLEKSON: J. Amer. chem. Soc. 81, 1517 (1959).
[19] BAULIEU, E. E.: J. clin. Endocr. 22, 501 (1962).
[20] GURPIDE, R., P. C. MACDONALD, R. L. VANDE WIELE and S. LIEBERMAN: J. clin. Endocr. 23, 346 (1963).
[21] FUKUSHIMA, D. K., H. L. BRADLOW, L. HELLMAN and T. F. GALLAGHER: J. clin. Endocr. 23, 266 (1963).
[22] OERTEL, G. W., E. KAISER und W. ZIMMERMANN: Hoppe-Seylers Z. physiol. Chem. 331, 77 (1962).
[23] OERTEL, G. W.: Hoppe-Seylers Z. physiol. Chem. (im Druck 1964).
[24] OERTEL, G. W.: Biochem. Z. 334, 431 (1961).
[25] SCHNEIDER, J. J., and M. L. LEWBART: Recent Progr. Hormone Res. 15, 201 (1959).

[26] PASQUALINI, J. R.: Contribution à l'Etude biochemique des Corticostéroides. Paris: R. Foulon 1962.
[27] PASQUALINI, J. R., and M. F. JAYLE: J. clin. Invest. **41**, 981 (1962).
[28] CREPY, O., O. JUDAS, F. RULLEAU-MESLIN et M. F. JAYLE: Bull. Soc. Chim. biol. **44**, 327 (1962).
[29] SCHNEIDER, J. J., M. L. LEWBART, P. LEVITAN and S. LIEBERMAN: J. Amer. chem. Soc. **77**, 4184 (1955).
[30] FOGGIT, F., and A. E. KELLIE: Biochem. J. **76**, 62 (1961).
[31] EDWARDS, R. W. H., and A. E. KELLIE: Chem. and Ind. 250 (1956).
[32] CREPY, O., M. F. JAYLE et F. MESLIN: Acta endocr. **24**, 233 (1957).
[33] BARLOW, J. J.: Biochem. J. **65**, 34 (1957).
[34] BELING, G. G.: Acta endocr. Suppl. 79 (1963).
[35] LEWBART, M. L., and J. J. SCHNEIDER: Nature **176**, 1175 (1955).
[36] CAVINA, G., and L. TENTORI: Clin. chim. Acta **3**, 160 (1958).
[37] BAULIEU, E. E.: J. clin. Endocr. **20**, 900 (1960).
[38] BUSH, I. E.: Biochem. J. **67**, 23 P (1957).
[39] SCHNEIDER, J. J., and M. L. LEWBART: J. biol. Chem. **222**, 787 (1956).
[40] VENNING, E. H., I. DYRENFURTH and V. E. KAZMIN: Recent Progr. Hormone Res. **8**, 27 (1953).
[41] KATZMAN, P. A., R. F. STRAW, H. J. BUEHLER and E. A. DOISY: Recent Progr. Hormone Res. **9**, 145 (1954).
[42] LIEBERMAN, S., B. MOND and E. SMYLES: Recent Progr. Hormone Res. **9**, 113 (1954).
[43] MASON, H. L.: Recent Progr. Hormone Res. **9**, 267 (1954).
[44] HORWITT, B. N.: Fed. Proc. **12**, 220 (1953).
[45] COHEN, S. L.: J. biol. Chem. **192**, 147 (1951).
[46] COX, R. I.: Biochem. J. **52**, 339 (1952).
[47] ALFSEN, A.: C. R. Acad. Sci. (Paris) **244**, 251 (1957).
[48] GIBIAN, H., und G. BRATFISCH: Hoppe-Seylers Z. physiol. Chem. **305**, 265 (1956).
[49] ROY, A. B.: Biochem. J. **66**, 700 (1957).
[50] VOIGT, K. D., M. LEMMER und J. TAMM: Hoppe-Seylers Z. physiol. Chem. **331**, 356 (1959).
[51] JARRIGE, P., et G. LAFOSCADE: Bull. Soc. Chim. biol. **41**, 1197 (1959).
[52] ROY, A. B.: Biochem. J. **55**, 653 (1953), **57**, 465 (1954).
[53] DODGSON, K. S., and C. H. WYNN: Biochem. J. **62**, 500 (1956).
[54] HENRY, R., P. JARRIGE et M. THEVENET: Bull. Soc. Chim. biol. **34**, 872, 886, 897 (1952).
[55] BROWN, J. B.: Lancet **270**, 704 (1956).
[56] LIEBERMAN, S., L. B. HARITON and D. K. FUKUSHIMA: J. Amer. chem. Soc. **70**, 1427 (1948).
[57] COHEN, S. L., and I. B. ONESON: J. biol. Chem. **204**, 245 (1953).
[58] BURSTEIN, S., and S. LIEBERMAN: J. biol. Chem. **233**, 331 (1959).
[59] SEGAL, L., B. SEGAL and W. R. NES: J. biol. Chem. **235**, 3108 (1960).
[60] BURSTEIN, S., G. M. JACOBSOHN and S. LIEBERMAN: J. Amer. chem. Soc. **82**, 1226 (1960).
[61] DEPAOLI, J. C., E. NISHIZAWA and K. B. EIK-NES: J. clin. Endocr. **23**, 81 (1963).
[62] ENGEL, L. L., and I. T. NATHANSON: Ciba Found. Coll. Endocrinology **2**, 104 (1952).
[63] BURSTEIN, S.: Science **124**, 1030 (1956).
[64] CARSTENSEN, H.: Acta chem. scand. **9**, 1026 (1955).
[65] ENGEL, L. L., J. ALEXANDER, P. CARTER, J. ELLIOTT and M. WEBSTER: Analyt. Chem. **26**, 639 (1954).

[66] COHEN, S. L., and G. F. MARRIAN: Biochem. J. 28, 1603 (1934).
[67] ENGEL, L. L., and I. T. NATHANSON: J. biol. Chem. 185, 255 (1950).
[68] BROWN, J. B.: Biochem. J. 60, 185 (1955).
[69] DREKTER, I. J., G. R. SCISM, S. STERN, S. PEARSON and T. H. MCGAVACK: J. clin. Endocr. 12, 55 (1952).
[70] BIRKET-SMITH, E.: Acta endocr. 14, 33 (1953).
[71] BEALE, R. N., J. O. BOSTROM and D. CRAFT: J. clin. Path. 15, 574 (1962).
[72] SHEATH, J. B.: Aust. J. exp. Biol. med. Sci. 37, 133 (1959).
[73] FRIEDMANN, H. C.: Curr. Sci. 21, 282 (1952).
[74] ZIMMERMANN, W., H. U. ANTON und D. PONTIUS: Hoppe-Seylers Z. physiol. Chem. 289, 91 (1952).
[75] PORTER, C. C., and R. H. SILBER: J. biol. Chem. 185, 201 (1950).
[76] ALLEN, W. M., S. J. HAYWARD and A. PINTO: J. clin. Endocr. 10, 54 (1950).
[77] GIRARD, A., und G. SANDULESCO: Helv. chim. Acta 19, 1095 (1936).
[78] TALBOT, N. B., A. M. BUTLER and E. MACLACHLAN: J. biol. Chem. 132, 595 (1940).
[79] PINCUS, G., and W. H. PEARLMAN: Endocrinology 29, 413 (1941).
[80] FRAME, E. G.: Endocrinology 34, 175 (1944).
[81] BUTT, W. R., A. A. HENLY and C. J. O. R. MORRIS: Biochem. J. 42, 497 (1948).
[82] NEHER, R.: Chromatographie von Steroiden, Sterinen und verwandten Verbindungen. Amsterdam: Elsevier Publ. Comp. 1958.
[83] MOORE, J. A., and E. HEFTMAN: Chemistry of the adrenocortical steroids, in: EICHLER, O., und A. FARAH: Handb. exp. Pharmacol., Berlin-Göttingen-Heidelberg: Springer 1962, S. 186.
[84] HEFTMAN, E.: Chromatography. New York: Reinhold Publ. Corp. 1963.
[85] PEARLMAN, W. H.: Recent Progr. Hormone Res. 9, 27 (1954).
[86] DICZFALUSY, E., and R. LUFT: Acta endocr. 9, 327 (1952).
[87] CARSTENSEN, H.: Meth. biochem. Anal. 9, 127 (1962).
[88] REICHSTEIN, T., and C. W. SHOPPEE: Vitam. u. Horm. 1, 346 (1943).
[89] LIEBERMAN, S., K. DOBRINER, B. P. HILL, L. F. FIESER and C. P. RHOADS: J. biol. Chem. 172, 263 (1948).
[90] DINGEMANSE, E. L., G. HUIS IN'T VELD and S. L. HARTOGH-KATZ: J. clin. Endocr. 6, 535 (1952).
[91] ROBINSON, A. M.: Recent Progr. Hormone Res. 9, 163 (1954).
[92] HUIS IN'T VELD: Expos. ann. Biochem. méd. 18, 17 (1956).
[93] SAVARD, K., S. BURSTEIN, H. ROSENKRANTZ and R. I. DORFMAN: J. biol. Chem. 202, 717 (1953).
[94] SCHNEIDER, J. J.: J. biol. Chem. 183, 365 (1950).
[95] RUBIN, B. L., H. ROSENKRANTZ, R. I. DORFMAN and G. PINCUS: J. clin. Endocr. Metab. 13, 578 (1953).
[96] ROMANOFF, L. P., and R. S. WOLF: Recent Progr. Hormone Res. 9, 337 (1954).
[97] EIK-NES, K. B., D. H. NELSON and L. T. SAMUELS: J. clin. Endocr. 13, 1280 (1953).
[98] DOBRINER, K., S. LIEBERMAN and C. P. RHOADS: J. biol. Chem. 172, 241 (1948).
[99] HEFTMAN, E.: Chem. Rev. 55, 679 (1955).
[100] BUSH, I. E.: Brit. med. Bull. 10, 229 (1954).
[101] KATZENELLENBOGEN, E. R., K. DOBRINER and T. H. KRITCHEVSKY: J. biol. Chem. 207, 315 (1954).

[102] JONES, J. K. N., and S. R. STITCH: Biochem. J. **53**, 679 (1953).
[103] COOK, E. R., B. DELL and D. J. WAREHAM: Analyst **80**, 215 (1955).
[104] DIRSCHERL, W., W. KORUS und H. SCHRIEFERS: Hoppe-Seylers Z. physiol. Chem. **305**, 116 (1956).
[105] MATTOX, V. R., and H. L. MASON: J. biol. Chem. **223**, 215 (1956).
[106] DÖNGES, K., and W. STAIB: J. Chromat. 8, 25 (1962).
[107] AYRES, P. J., O. GARROD, S. A. SIMPSON and J. F. TAIT: Biochem. J. **65**, 639 (1957).
[108] MORRIS, C. J. O. R., and D. C. WILLIAMS: Biochem. J. **54**, 470 (1953).
[109] BAULD, W. S.: Biochem. J. **63**, 488 (1956).
[110] LAKSHMANAN, T. K., and S. LIEBERMAN: Arch. Biochem. **53**, 258 (1954).
[111] HEFTMANN, E., and D. F. JOHNSON: Analyt. Chem. **26**, 519 (1954).
[112] JOHNSON, D. F., E. HEFTMANN and A. L. HAYDEN: Acta endocr. **23**, 341 (1956).
[113] KELLIE, A. E., and A. P. WADE: Biochem. J. **66**, 196 (1957).
[114] ANDERSON, E. O., L. R. CRISP, G. C. RIGGLE, G. G. VAREK, E. HEFTMANN, D. F. JOHNSON, D. FRANCOIS and T. D. PERRINE: Analyt. Chem. **33**, 1606 (1961).
[115] PREEDY, J. R. K., and E. H. AITKEN: J. biol. Chem. **236**, 1300 (1961).
[116] BUSH, I. E.: Chromatography of steroids. London: Pergamon Press 1961.
[117] PECHET, M. M.: Science **121**, 39 (1955).
[118] REINEKE, L. M.: Analyt. Chem. **28**, 1853 (1956).
[119] ZAFFARONI, A.: Recent Progr. Hormone Res. 8, 51 (1953).
[120] ABELSON, D., and R. V. BROOKS: Mem. soc. Endocr. **8,** (1960).
[121] STAUB, M. C., E. GAITAN and J. F. DINGMAN: J. clin. Endocr. **22**, 87 (1962).
[122] HAMILTON, J. G., and J. W. DIECKERT: Arch. Biochem. **82**, 203, 212 (1959).
[123] RANDERATH, U.: Dünnschichtchromatographie. Weinheim: Verlag Chemie 1962.
[124] STAHL, E.: Thin-layer Chromatography, Springer Verlag-Academic Press 1963.
[125] LISBOA, B. P., and E. DICZFALUSY: Acta endocr. **40**, 60 (1962), **43**, 545 (1963).
[126] NISHIKAZE, O., und HJ. STAUDINGER: Klin. Wschr. **40**, 1014 (1962).
[127] AKHREM, A. A., and A. I. KUZNETSOVA: Dokl. Akad. Nauk. SSSR **138**, 591 (1961).
[128] STARKA, L., and J. MALIKOVA: J. Endocr. **22**, 215 (1961).
[129] HERMANEK, S., V. SCHWARZ und Z. CEKAN: Pharmazie **16**, 566 (1961).
[130] KEULEMANS, A. I. M.: Gaschromatographie. Weinheim: Verlag Chemie 1959.
[131] WOTIZ, H. H., and H. F. MARTIN: J. biol. Chem. **236**, 1312 (1961).
[132] FISHMAN, J., and J. B. BROWN: J. Chromat. 8, 21 (1962).
[133] WOTIZ, H.: Biochim. biophys. Acta **74**, 122 (1963).
[134] HAAHTI, E. O. A., W. J. A. VANDEN HEUVEL and E. C. HORNING: Anal. Biochem. **2**, 182 (1962).
[135] VANDEN HEUVEL, W. J. A., B. G. CREECH and E. C. HORNING: Analyt. Biochem. **4**, 191 (1962).
[136] CHAMBERLAIN, J., B. A. KNIGHTS and G. H. THOMAS: J. Endocr. **26**, 367 (1963).
[137] PATTI, A. A., P. BONNANO, T. F. FRAWLEY and A. A. STEIN: Acta endocr. Suppl. 77 (1963).

[138] KLIMAN, B., and D. W. FOSTER: Analyt. Biochem. **3**, 403 (1962).
[139] TURNER, D. A., G. E. JONES, I. J. SARLOS, A. C. BARNES and R. COHEN: Analyt. Biochem. **5**, 99 (1963).
[140] FUTTERWEIT, W., N. L. MCNIVEN, L. NARCUS, C. LANTOS, M. DROSDOWSKY and R. I. DORFMAN: Steroids **1**, 628 (1963).
[141] HORNING, E. C., W. J. A. VANDEN HEUVEL and B. G. CREECH: Meth. biochem. Anal. **11**, 69 (1963).
[142] VANDEN HEUVEL, W. J. A., B. G. CREECH and E. C. HORNING: Analyt. Biochem. **4**, 191 (1962).
[143] LOEWE, S.: Klin. Wschr. 576 (1926).
[144] LOEWE, S., H. E. VOSS, F. LANGER und A. WÄHNER: Klin. Wschr. 1376 (1928).
[145] MUNSON, P. L., M. F. JONES, P. J. MCCALL and T. F. GALLAGHER: J. biol. Chem. **176**, 73 (1948).
[146] ZIMMERMANN, W.: Hoppe-Seylers Z. physiol. Chem. **233**, 257 (1935), **245**, 47 (1936).
[147] ALLEN, W. M.: J. clin. Endocr. **10**, 91 (1950).
[148] NORYMBERSKI, J. K., R. D. STUBBS and H. F. WEST: Lancet **1**, 1276 (1953).
[149] Physical Constants of Steroirds, Pergamon Press (im Druck 1964).
[150] TAIT, J. F., S. A. S. TAIT, B. LITTLE and K. LAUMAS: J. clin. Invest. **40**, 72 (1961).
[151] FLOOD, C., D. LAYNE, S. RAMCHARAN, E. ROSSIPAL, J. F. TAIT and S. A. S. TAIT: Acta endocr. **36**, 237 (1961).
[152] KLIMAN, B., and R. E. PETERSON: J. biol. Chem. **235**, 1639 (1960).
[153] BERLINER, D. L., O. V. DOMINGUEZ and G. WESTENKOW: Analyt. Chem. **29**, 1797 (1957).
[154] PETERSON, R. E.: J. biol. Chem. **225**, 25 (1957).
[155] BORTH, R.: Ciba Found coll. Endocrinology **2**, 45 (1952).
[156] DICZFALUSY, E.: Acta endocr. Suppl. **31**, 11 (1957).
[157] LORAINE, J. A.: The Clinical Application of Hormone Assay. Edinburgh: Livingstone 1958.
[158] ENGEL, L. L., and I. T. NATHANSON: Ciba Found. Coll. Endocr. **2**, 104 (1952).
[159] BUTENANDT, A.: Naturwissenschaften **17**, 879 (1929).
[160] HUFFMAN, M. N., D. W. MCCORQUODALE, S. A. THAYER, E. A. DOISY G. V. SMITH and O. W. SMITH: J. biol. Chem. **134**, 591 (1940).
[161] SLAUNWHITE, W. R., and A. A. SANDBERG: Arch. Biochem. **63**, 478 (1956).
[162] SERCHI, G.: Chim. Biochim. **8**, 10 (1953).
[163] FISHMAN, J., R. I. COX and T. F. GALLAGHER: Arch. Biochem. **90**, 318 (1960).
[164] LOKE, K. H., E. J. D. WATSON and G. F. MARRIAN: Biochim. biophys. Acta **26**, 230 (1957).
[165] CHANG, E., and T. L. DAO: Biochim. biophys. Acta **57**, 609 (1962).
[166] LOKE, K. H., W. S. JOHNSON, W. L. MAYER and D. D. CAMERON: Biochim. biophys. Acta **28**, 214 (1958).
[167] MARRIAN, G. F., K. H. LOKE, E. J. D. WATSON and M. PANATTONI: Biochem. J. **66**, 60 (1957).
[168] BROWN, B. T., J. FISHMAN and T. F. GALLAGHER: Nature **182**, 50 (1958).
[169] LAYNE, D. S., and G. F. MARRIAN: Biochem. J. **70**, 244 (1958).
[170] LOKE, K. H., G. F. MARRIAN and E. J. D. WATSON: Biochem. J. **71**, 43 (1959).

[171] ENGEL, L. L., B. BAGGETT and P. CARTER: Endocrinology **61**, 113 (1957).
[172] LOKE, K. H., and G. F. MARRIAN: Biochim. biophys. Acta **27**, 213 (1958).
[173] LEVITZ, M., G. P. CONDON and G. H. TWOMBLEY: J. biol. Chem. **222**, 481 (1956).
[174] WATSON, E. J. D., and G. F. MARRIAN: Biochem. J. **61**, XXIV (1955).
[175] FRANDSEN, V. A.: Acta endocr. Suppl. **31**, 54 (1957).
[176] THAYER, S. A., L. LEVIN and E. A. DOISY: J. biol. Chem. **91**, 655 (1931).
[177] MARRIAN, G. F.: Biochem. J. **23**, 1090 (1929).
[178] WATSON, E. J. D., and G. F. MARRIAN: Biochem. J. **63**, 64 (1956).
[179] BREUER, G., und G. PANGELS: Hoppe-Seylers Z. physiol. Chem. **322**, 177 (1961).
[180] MARRIAN, G. F., and W. S. BAULD: Biochem. J. **59**, 136 (1955).
[181] BREUER, H., and G. PANGELS: Biochim. biophys. Acta **36**, 572 (1959).
[182] FISHMAN, J., and T. F. GALLAGHER: Arch. Biochem. **77**, 511 (1958).
[183] LEON, Y. A., R. D. BULBROOK and F. C. GREENWOOD: Nature **183**, 189 (1959).
[184] MARRIAN, G. F., E. J. D. WATSON and M. PANATTONI: Biochem. J. **65**, 12 (1957).
[185] BROWN, J. B., and H. A. BLAIR: J. Endocr. **17**, 411 (1958).
[186] JAYLE, M. F., R. SCHOLLER, M. HERON et S. METAY: Clin. chim. Acta **4**, 276 (1959).
[187] BEER, C. T., and T. F. GALLAGHER: J. biol. Chem. **214**, 335, 357 (1955).
[188] GALLAGHER, T. F., S. KRAYCHY, J. FISHMAN, J. B. BROWN and G. F. MARRIAN: J. biol. Chem. **233**, 1093 (1958).
[189] MIGEON, C. J., P. E. WALL and J. BERTRAND: J. clin. Invest. **38**, 619 (1959).
[190] DANCIS, J., W. L. MONEY, G. P. CONDON and M. LEVITZ: J. clin. Invest. **37**, 1373 (1958).
[191] HAGOPIAN, L., and L. K. LEVY: Biochim. biophys. Acta **30**, 641 (1958).
[192] SANDBERG, A. A., and W. R. SLAUNWHITE: J. clin. Invest. **36**, 1266 (1957).
[193] PURDY, R. H., L. L. ENGEL and J. C. ONCLEY: J. biol. Chem. **236**, 1043 (1961).
[194] WEST, C. D., P. DAMAST and O. H. PEARSON: J. clin. Invest. **37**, 341 (1958).
[195] DICZFALUSY, E., and A. M. MAGNUSSON: Acta endocr. **28**, 169 (1958).
[196] BROWN, J. B., R. D. BULBROOK and F. C. GREENWOOD: J. Endocr. **16**, 41, 49 (1957).
[197] ENGEL, L. L., B. BAGGETT and M. HALLA: Biochim. biophys. Acta **30**, 435 (1958).
[198] ENGEL, L. L., W. R. SLAUNWHITE, P. CARTER and J. T. NATHANSON: J. biol. Chem. **185**, 255 (1950).
[199] WEST, C. D., B. DAMAST and O. H. PEARSON: J. clin. Endocr. **18**, 15 (1958).
[200] DICZFALUSY, E., K. G. TILLINGER and A. WESTMAN: Acta endocr. **26**, 303 (1957).
[201] NOCKE, W.: Clin. chim. Acta **6**, 449 (1961).
[202] EBERLEIN, W. R., A. M. BONGIOVANNI and P. M. FRANCIS: J. clin. Endocr. **18**, 1274 (1958).
[203] ITTRICH, G.: Hoppe-Seylers Z. physiol. Chem. **312**, 1 (1958).
[204] MEYER, A. S.: Biochim. biophys. Acta **17**, 44 (1955).

[205] KUSHINSKI, S., J. A. DEMETRIOU, W. NASUTAVICUS and J. WU: Nature 182, 874 (1958).
[206] BAULD, W. S., and R. M. GREENWAY: Meth. biochem. Anal. 5, 337 (1957).
[207] AXELROD, L. R.: J. biol. Chem. 201, 59 (1953).
[208] MITCHELL, F. L., and R. E. DAVIES: Biochem. J. 56, 690 (1954).
[209] LEVITZ, M., J. R. SPITZNER and G. H. TWOMBLEY: J. biol. Chem. 231. 787 (1958).
[210] BREUER, H., und W. NOCKE: Acta endocr. 29, 489 (1958).
[211] GREENE, J. W., and J. C. TOUCHSTONE: Amer. J. med. Sci. 238, 146 (1959).
[212] STARKA, L., and M. PRUSIKOVA: J. Chromat. 2, 304 (1959).
[213] SHORT, R V.: Mem. soc. Endocr. 8, 86 (1960).
[214] STARKA, L.: J. Chromat. 4, 334 (1960).
[215] AXELROD, L. R., and J. E. PULLIAM: Arch. Biochem. 89, 105 (1960).
[216] OAKEY, R. E.: J. Chromat. 8, 2 (1962).
[217] GREEN, L. G., and A. MALLINSON: Clin. chim. Acta 6, 715 (1961).
[218] STRUCK, H.: Microchim. Acta 4, 634 (1961).
[219] KROMAN, H. S., and S. B. BENDER: J. Chromat. 10, 111 (1963).
[220] LUUKKAINEN, T., W. J. A. VANDEN HEUVEL and E. C. HORNING: Biochim. biophys. Acta 62, 153 (1962).
[221] BAULD, W. S.: Biochem. J. 56, 426 (1954).
[222] BROWN, J. B.: Ciba Found. Coll. Endocr. 2, 132 (1952).
[223] DICZFALUSY, E., and P. LINKVUIST: Acta endocr. 23, 203 (1956).
[224] NOCKE, W.: Biochem. J. 78, 593 (1961).
[225] MARLOW, H. W.: J. biol. Chem. 183, 167 (1950).
[226] BORTH, R.: Acta endocr. 22, 125 (1956).
[227] DICZFALUSY, E.: Acta endocr. 20, 216 (1955).
[228] ITTRICH, G.: Acta endocr. 35, 34 (1960).
[229] FOLIN, O., and V. CIOCALTEAU: J. biol. Chem. 73, 627 (1927).
[230] MITCHELL, F. L.: Mem. soc. Endocr. 3, 64 (1955).
[231] MIGEON, C. J., W. R. SLAUNWHITE, R. ALDOUS, R. FOX, P. HARDY, D. JOHNSON and W. PERKINS: J. clin. Endocr. 15, 775 (1955).
[232] DAVID, K.: Acta brev. neerl. Physiol. 4, 64 (1934).
[233] PONTIUS, D.: Klin. Wschr. 31, 1110 (1953).
[234] BARTON, G. M., R. S. EVANS and J. A. S. GARDNER: Nature 170, 249 (1952).
[235] BATES, R. W., and H. COHEN: Endocrinology 47, 166, 182 (1950).
[236] SLAUNWHITE, W. R., L. L. ENGEL, J. F. SCOTT and C. L. HAM: J. biol. Chem. 201, 615 (1953).
[237] BAULD, W. S., M. L. GIVNER, L. L. ENGEL and J. W. GOLDZIEHER: Canad. J. Biochem. Physiol. 38, 213 (1960).
[238] PREEDY, J. R. K., and E. H. AITKEN: J. biol. Chem. 236, 1297 (1961).
[239] BRAUNSBERG, H., M. I. STERN and G. I. M. SWYER: J. Endocr. 11, 189 (1952).
[240] GARST, J. B., and H. B. FRIEDGOOD: Science 116, 65 (1952).
[241] TOUCHSTONE, J. C., J. W. GREENE and W. R. KUKOVETZ: Analyt. Chem. 31, 1693 (1959).
[242] SLAUNWHITE, W. R., and L. NEELY: Analyt. Biochem. 5, 133 (1963).
[243] GALLAGHER, T. F., S. KRAYCHY, J. FISHMAN, J. B. BROWN and G. F. MARRIAN: J. Biol. Chem. 233, 1093 (1958).
[244] SALOKANGAS, R. W. A., and R. D. BULBROOK: J. Endocr. 22, 47 (1961).

[245] GIVNER, M. L., W. S. BAULD and K. VAGI: Biochem. J. **77**, 400, 406 (1960).
[246] NOCKE, W., und H. BREUER: Acta endocr. **44**, 47 (1963).
[247] BROOKSBANK, B. W. L., and G. A. D. HASLEWOOD: Biochem. J. **44**, 111 (1949).
[248] LIEBERMAN, S., B. R. HILL, L. L. FIESER and C. P. RHOADS: J. biol. Chem. **172**, 263 (1948).
[249] SALAMON, I. I., and K. DOBRINER: J. clin. Endocr. **12**, 967 (1952).
[250] MILLER, A. M., H. ROSENKRANTZ and R. I. DORFMAN: Endocrinology **53**, 238 (1953).
[251] SCHUBERT, K., und K. WEHRBERGER: Naturwissenschaften **47**, 281 (1960).
[252] BUTENANDT, A.: Angew. Chem. **44**, 905 (1931).
[253] HIRSCHMANN, H., and F. B. HIRSCHMANN: J. biol. Chem. **157**, 601 (1945).
[254] FUKUSHIMA, D. K., and T. F. GALLAGHER: J. biol. Chem. **229**, 85 (1957).
[255] STARKA, L., J. SULCOVA and K. SILINK: Clin. chim. Acta **7**, 309 (1962).
[256] FOTHERBY, K.: Biochem. J. **67**, 705 (1957).
[257] HIRSCHMANN, H.: J. biol. Chem. **150**, 363 (1943).
[258] OKADA, M., D. K. FUKUSHIMA and T. F. GALLAGHER: J. biol. Chem. **234**, 1688 (1959).
[259] BUTENANDT, A.: Angew. Chem. **44**, 905 (1931).
[260] PEARLMAN, W. H.: Endocrinology **30**, 270 (1942).
[261] LIEBERMAN, S., B. PRAETZ, P. HUMPHRIES and K. DOBRINER: J. biol. Chem. **204**, 491 (1953).
[262] LIEBERMAN, S., D. K. FUKUSHIMA and K. DOBRINER: J. biol. Chem. **182**, 299 (1950).
[263] MILLER, A. M., R. I. DORFMAN and E. SEVRINGHAUS: Endocrinology **38**, 19 (1946).
[264] LIEBERMAN, S., and K. DOBRINER: J. biol. Chem. **166**, 773 (1946).
[265] KEMP, A. D., A. KAPPAS, I. I. SALAMON, F. HERLING and T. F. GALLAGHER: J. biol. Chem. **210**, 123 (1954).
[266] FUKUSHIMA, D. K., H. L. BRADLOW, L. HELLMAN and T. F. GALLAGHER: J. biol. Chem. **237**, 3359 (1962).
[267] CALLOW, N. H., and R. K. CALLOW: Biochem. J. **33**, 931 (1939), **34**, 276 (1940).
[268] DOBRINER, K., and S. LIEBERMAN: Ciba Found. Coll. Endocrinology **2**, 381 (1952).
[269] MILLER, A. M., and R. I. DORFMAN: Endocrinology **42**, 174 (1948).
[270] MILLER, A. M., R. I. DORFMAN and M. MILLER: Endocrinology **46**, 105 (1950).
[271] VENNING, E. H., M. M. HOFFMANN and J. S. L. BROWNE: J. biol. Chem. **146**, 369 (1942).
[272] BARLOW, J. J., and A. E. KELLIE: Biochem. J. **71**, 86 (1959).
[273] BUSH, I. E., and M. GALE: Biochem. J. **76**, 10 P (1960).
[274] BAULIEU, E. E.: C. R. Acad. Sci. **248**, 1441 (1959).
[275] CAVINA, G.: Boll. Soc. ital. Biol. sper. **31**, 1668 (1955).
[276] PELZER, H., und W. STAIB: Clin. chim. Acta **2**, 407 (1957).
[277] PELZER, H., W. STAIB und D. OTT: Hoppe-Seylers Z. physiol. Chem. **312**, 15 (1958).
[278] KELLIE, A. E., and A. P. WADE: Acta endocr. **23**, 357 (1956).

[279] WOTIZ, H. H., H. M. LEMON, P. MARCUS and K. SAVARD: J. clin. Endocr. **17**, 534 (1957).
[280] VOIGT, K. D., und J. TAMM: 6. Symp. Dtsch. Ges. Endokrinol., Berlin-Göttingen-Heidelberg: Springer 1960, S. 356.
[281] STAIB, W., W. TELLER und H. SCHARF: Hoppe-Seylers Z. physiol. Chem. **318**, 163 (1960).
[282] WEINMANN, S. H., F. L. DEMOISSON, E. E. BAULIEU et M. F. JAYLE: C. R. Soc. Biol. **151**, 454 (1957).
[283] ZIMMERMANN, W., und D. PONTIUS: Hoppe-Seylers Z. physiol. Chem. **297**, 157 (1954).
[284] VESTERGAARD, P.: Acta endocr. **8**, 193 (1951).
[285] Brit. Med. Res. Council: Lancet 1957, 585.
[286] STARNES, W. R., T. F. PARTLOW, M. C. GRAMMER, L. KORNEL and S. R. HILL: Analyt. Biochem. **6**, 82 (1963).
[287] JAMES, V. H. T.: J. Endocrinology **22**, 195 (1961).
[288] FOTHERBY, K.: Biochem. J. **73**, 339 (1959).
[289] BORRELL, S.: J. clin. Endocr. **21**, 1321 (1961).
[290] ROMANOFF, L. P., R. S. WOLF, M. CONSTANDSE and G. PINCUS: J. clin. Endocr. **13**, 928 (1953).
[291] CAMACHO, A. M., and C. J. MIGEON: J. clin. Endocr. **23**, 301 (1963).
[292] VERMEULEN, A., and J. C. M. VERPLANCKE: Steroids **2**, 453 (1963).
[293] JOHNSON, D. F., E. HEFTMANN and D. FRANCOIS: J. Chromat. **4**, 446 (1960).
[294] WILSON, H., J. J. BORIS and M. M. GARRISON: J. clin. Endocr. **18**, 643 (1958).
[295] BROOKS, R. V.: Biochem. J. **68**, 50 (1958).
[296] BUSH, I. E.: J. Endocr. **18**, 1 (1959).
[297] SACHS, L.: Acta endocr. **38**, 534 (1961).
[298] NEHER, R., und A. WETTSTEIN: Helv. chim. Acta **43**, 1628 (1960).
[299] CERNY, V., J. JOSKA and G. LABLER: Coll. Czech. Chem. Commun. **26**, 1658 (1961).
[300] MATTHEWS, J. S., A. I. PEREDA and P. AGUILERA: J. Chromat. **9**, 331 (1962).
[301] DYER, W. G., J. P. GOULD, N. A. MAISTRELLIS, T. C. PENG and P. OFNER: Steroids **1**, 271 (1963).
[302] COOPER, J. A., and B. G. CREECH: Analyt. Biochem. **2**, 502 (1961).
[303] KIRSCHNER, M. A., and M. B. LIPSETT: J. clin. Endocr. **23**, 255 (1963).
[304] CAHEN, R. L. and W. T. SALTER: J. biol. Chem. **152**, 489 (1944).
[305] CALLOW, N. H., R. K. CALLOW and C. W. EMMENS: Biochem. J. **32**, 1312 (1938).
[306] HOLTORFF, A. F., and F. C. KOCH: J. biol. Chem. **135**, 377 (1940).
[307] WILSON, H., and P. CARTER: Endocrinology **41**, 417 (1947).
[308] EPSTEIN, E.: Clin. chim. Acta **7**, 735 (1962).
[309] ZAK, B., and E. EPSTEIN: Chemist-Analyst **52**, 45 (1963).
[310] KOENIG, V. L., F. MELZER, C. M. SZEGO and L. T. SAMUELS: J. biol. Chem. **141**, 487 (1941).
[311] NATHANSON, I. T., L. L. ENGEL, R. M. KELLEY, G. EKMAN, K. H. SPAULDING and J. ELLIOT: J. clin. Endocr. **12**, 1172 (1952).
[312] KELLIE, A. E., E. R. SMITH and A. P. WADE: Biochem. J. **53**, 578 (1953).
[313] ENGEL, L. L., and B. BAGGETT: Recent Progr. Hormone Res. **9**, 251 (1954).
[314] PINCUS, G.: Endocrinology **32**, 176 (1943).

[315] SALTER, W. T., R. L. CAHEN and T. S. SAPPINGTON: J. clin. Endocr. **6**, 52 (1946).
[316] TANSEY, R. P., and J. M. CROSS: J. Amer. pharm. Ass. **39**, 660 (1950).
[317] LOMBARDO, M. E., and P. B. HUDSON: J. biol. Chem. **229**, 181 (1957).
[318] TOUCHSTONE, E. C., H. BULASCHENKO and F. C. DOHAN: J. clin. Endocr. **15**, 760 (1955).
[319] TOUCHSTONE, E. C., H. BULASCHENKO, E. M. RICHARDSON and F. C. DOHAN: Arch. Biochem. **52**, 284 (1954).
[320] JOHNSON, D. F., E. HEFTMANN and A. L. HAYDEN: Acta endocr. **23**, 341 (1956).
[321] BULASCHENKO, H., E. M. RICHARDSON and F. C. DOHAN: Arch. biochem. **87**, 81 (1960).
[322] RICHARDSON, E. M., H. BULASCHENKO and F. C. DOHAN: J. clin. Endocr. **18**, 666 (1958).
[323] LUETSCHER, J. A., R. NEHER and A. WETTSTEIN: Experientia **10**, 456 (1954), **12**, 22 (1956).
[324] SCHNEIDER, J. J.: J. biol. Chem. **183**, 365 (1950).
[325] REYNOLDS, J. W., and R. A. ULSTROM: Biochim. biophys. Acta **57**, 606 (1962).
[326] MASON, H. L., and R. G. SPRAGUE: J. biol. Chem. **175**, 451 (1948).
[327] HOLMES, N. J., J. B. LANNON and C. H. GRAY: J. Endocr. **14**, 138 (1956).
[328] PETERSON, R. E., C. E. PIERCE and B. KLIMAN: Arch. Biochem. **70**, 614 (1957).
[329] PETERSON, R. E., J. B. WYNGAARDEN, S. L. GUERRA, B. B. BRODIE and J. J. BUNIN: J. clin. Invest. **34**, 1779 (1955).
[330] BURSTEIN, S., R. I. DORFMAN and E. M. NADEL: Arch. Biochem. **53**, 307 (1954).
[331] HIRSCHMANN, H., and F. B. HIRSCHMANN: J. biol. Chem. **167**, 7 (1947).
[332] HIRSCHMANN, H., and F. B. HIRSCHMANN: J. biol. Chem. **187**, 137 (1950).
[333] FUKUSHIMA, D. K., A. D. KEMP, R. SCHNEIDER, M. B. STOKEM and T. F. GALLAGHER: J. biol. Chem. **210**, 129 (1954).
[334] MARKER, R. E., and E. J. LAWSON: J. Amer. chem. Soc. **60**, 2928 (1938).
[335] LIEBERMAN, S., K. DOBRINER, B. R. HILL, L. F. FIESER and C. P. RHOADS: J. biol. Chem. **172**, 263 (1948).
[336] MARKER, R. E., and O. KAMENI: J. Amer. chem. Soc. **59**, 1373 (1937).
[337] MARRIAN, G. F.: Biochem. J. **23**, 1090 (1929).
[338] MASON, H. L., and E. J. KEPLER: J. biol. Chem. **160**, 255 (1945).
[339] FUKUSHIMA, D. K., and T. F. GALLAGHER: J. biol. Chem. **226**, 725 (1957).
[340] GANDY, H. M., E. H. KEUTMANN and A. J. IZZO: J. clin. Invest. **39**, 364 (1960).
[341] MASON, H. L., and H. S. STRICKLER: J. biol. Chem. **171**, 543 (1947).
[342] KRITCHEVSKY, T. H., and T. F. GALLAGHER: J. Amer. chem. Soc. **73**, 184 (1951).
[343] RICHARDSON, E. M., E. C. TOUCHSTONE and F. C. DOHAN: J. clin. Invest. **34**, 285 (1955).
[344] COX, R. I., and G. F. MARRIAN: Biochem. J. **54**, 353 (1953).
[345] FINKELSTEIN, M., J. VON EUW und T. REICHSTEIN: Helv. chim. Acta **36**, 1266 (1953).
[346] ROSSELET, J. P., M. FURMAN, S. LIEBERMAN and J. W. JAILER: Science **120**, 788 (1954).

[347] FUKUSHIMA, D. K., C. D. MEYER, E. ASHWORTH and T. F. GALLAGHER: Fed. Proc. **15**, 257 (1956).
[348] SCHNEIDER, J. J.: Fed. Proc. **9**, 224 (1950).
[349] ULICK, S., and K. K. VETTER: J. biol. Chem. **237**, 3365 (1962).
[350] ULICK, S., and S. LIEBERMAN: J. Amer. chem. Soc. **79**, 6567 (1957).
[351] LIEBERMAN, S., E. R. KATZENELLENBOGEN, R. SCHNEIDER, P. E. STUDER and K. DOBRINER: J. biol. Chem. **205**, 87 (1953).
[352] FUKUSHIMA, D. K., N. S. LEEDS, H. L. BRADLOW, T. H. KRITCHEVSKY, M. B. STOKEM and T. F. GALLAGHER: J. biol. Chem. **212**, 449 (1955).
[353] PEARLMAN, W. H., G. PINCUS and N. T. WERTHESSEN: J. biol. Chem. **142**, 649 (1942).
[354] HARTMANN, M., und F. LOCHER: Helv. chim. Acta **18**, 160 (1935).
[355] MARKER, R. E., S. E. BINKLEY, E. WITTLE and E. C. LAWSON: J. Amer. chem. Soc. **60**, 1904 (1938).
[356] FIESER, L. L. and M. FIESER: Natural Products related to Phenanthrene. New York: Reinhold Publ. Comp. 1949, S. 500.
[357] ROMANOFF, L. P., J. SEELYE, R. RODRIGUEZ and G. PINCUS: J. clin. Endocr. **17**, 434 (1957).
[358] BUSH, I. E.: Biochem. J. **66**, 28 (1957).
[359] FUKUSHIMA, D. K., H. L. BRADLOW, L. HELLMAN, B. ZUMOFF and T. F. GALLAGHER: J. biol. Chem. **235**, 2246 (1960).
[360] PETERSON, R. E., and C. E. PIERCE: J. clin. Invest. 5, 741 (1960).
[361] NEHER, R.: IV. Int. Congr. Biochem. Vol. IV, S. 128, London: Pergamon Press 1959.
[362] BUEHLER, H. J., P. A. KATZMAN, P. P. DOISY and E. A. DOISY: Proc. Soc. exp. Biol. **72**, 297 (1949).
[363] KINSELLA, R. A., D. H. GLICK and E. A. DOISY: Fed. Proc. **9**, 190 (1950).
[364] BAGGETT, B., R. A. KINSELLA and E. A. DOISY: J. biol. Chem. **203**, 1013 (1953).
[365] JAYLE, M. F.: Thérapie **13**, 37 (1958).
[366] PASQUALINI, J. R.: C. R. Acad. Sci. **250**, 3892 (1960).
[367] PASQUALINI, J. R.: C. R. Acad. Sci. **251**, 1236 (1960).
[368] CREPY, O., et O. JUDAS: Rev. franç. Étud. clin. biol. 5, 284 (1960).
[369] CAVINA, G.: R. C. Ist. sup. Sanità **20**, 923 (1957).
[370] TOLLENS, W., Chem. Ber. **41**, 1788 (1908).
[371] COHEN, S. L.: J. biol. Chem. **192**, 147 (1951).
[372] LIEBERMAN, S., L. HARITON, B. HUMPHRIES, C. P. RHOADS and K. DOBRINER: J. biol. Chem. **196**, 793 (1952).
[373] COX, R. I., and G. F. MARRIAN: Biochem. J. 9, 282 (1954).
[374] WILSON, H.: Recent Pogr. Hormone Res. 9, 282 (1954).
[375] NELSON, D. H.: Recent Progr. Hormone Res. 9, 288 (1954).
[376] BAYLISS, R. I. S.: Biochem. J. **52**, 63 (1952).
[377] ROY, A. B.: Biochem. J. **62**, 41 (1956).
[378] STAIB, W., und W. SCHILD: Klin. Wschr. **36**, 600 (1958).
[379] TELLER, W., and W. STAIB: Acta endocr. **32**, 209 (1959).
[380] SCHUBERT, K., G. HOHE und E. HIENZSCH: Hoppe-Seylers Z. physiol. Chem. **329**, 195 (1962).
[381] BORTH, R.: Chimia **10**, 19, 81 (1956).
[382] BURSTEIN, S.: Science **124**, 1030 (1956).
[383] HAYNES, R., K. SAVARD and R. I. DORFMAN: J. biol. Chem. **207**, 925 (1954).
[384] VENNING, E. H.: Recent Progr. Hormone Res. 9, 300 (1954).

[385] ROMANOFF, L. P., C. PARENT, R. M. RODRIGUEZ and G. PINCUS: J. clin. Endocr. 18, 819 (1958).
[386] GORNALL, A. G., and M. P. MACDONALD: J. biol. Chem. 201, 279 (1953).
[387] EIK-NES, K. B.: J. clin. Endocr. 17, 502 (1957).
[388] EBERLEIN, W. R., and A. M. BONGIOVANNI: J. clin. Endocr. 18, 300 (1958).
[389] CARSTENSEN, H.: Acta Soc. Med. Upsalien. 61, 26 (1956).
[390] KLOPPER, A., E. A. MICHIE and J. B. BROWN: J. Endocr. 12, 209 (1955).
[391] STERN, M. I.: J. Endocr. 16, 180 (1957).
[392] LEDERER, E., and M. LEDERER: Chromatography. New York: Elsevier Publ. Corp. 1957.
[393] NEHER, R.: J. Chromat. 1, 122, 205 (1958).
[394] LEVY, H., R. W. JEANLOZ, R. P. JACOBSON, O. HECHTER, V. SCHENKER and G. PINCUS: J. biol. Chem. 211, 867 (1954).
[395] GLENN, E. M., and D. H. NELSON: J. clin. Endocr. 13, 911 (1953).
[396] COOK, E. R., B. DELL and D. J. WAREHAM: Analyst 80, 215 (1955).
[397] ADAMEC, O., J. MATIS and M. GALVANEK: Lancet 1, 81 (1962).
[398] WALDI, D.: Klin. Wschr. 40, 827 (1962).
[399] ADAMEC, O., J. MATIS and M. GALVANEK: Steroids 1, 495 (1963).
[400] KIRSCHNER, M. A., and H. M. FALES: Analyt. Chem. 34, 1548 (1962).
[401] ROSENFELD, R. S., M. C. LEBEAU, R. D. JANDOREK and T. SALMAR: J. Chromat. 8, 355 (1962).
[402] MERITS, I.: J. Lipid Res. 3, 126 (1962).
[403] EBERLEIN, W. R., and A. M. BONGIOVANNI: Arch. Biochem. 49, 815 (1957).
[404] DE COURCEY, C.: J. Endocr. 14, 164 (1954).
[405] AXELROD, L. R.: J. biol. Chem. 205, 173 (1953).
[406] ZANDER, J., H. SIMMER, A. M. von MÜNSTERMANN und E. MARX: Klin. Wschr. 32, 529 (1954).
[407] BLOCH, H. S., B. ZIMMERMANN and S. L. COHEN: J. clin. Endocr. 13, 1206 (1953).
[408] NOWACZYNSKI, W. J., E. KOIW and J. GENEST: Canad. J. Biochem. 35, 425 (1957).
[409] BUSH, I. E., Biochem. J. 50, 370 (1952).
[410] BURTON, R. B., A. ZAFFARONI and E. H. KEUTMANN: J. biol. Chem. 188, 763 (1951).
[411] NEHER, R., and A. WETTSTEIN: Helv. chim. Acta 39, 2062 (1956).
[412] TOUCHSTONE, E. C., M. KASPAROW and T. MURAVI: Analyt. Biochem. 4, 124 (1962).
[413] COST, W. S., and J. J. M. VEGTER: Acta endocr. 41, 571 (1962).
[414] RITTER, F. J., and J. HARTEL: J. Chromat. 1, 461 (1958).
[415] HARTEL, J., A. B. RAAP and F. J. RITTER: J. Chromat. 3, 482 (1960).
[416] HAMILTON, J. G., and J. W. DIECKERT: Arch. Biochem. 82, 203, 212 (1959).
[417] DINGMAN, J. F., M. C. STAUB, E. GAITAN and G. BAZZANO: Clin. Chem. 6, 228 (1960).
[418] STAUB, M. C., and J. F. DINGMAN: J. clin. Endocr. 21, 148 (1961).
[419] TALBOT, N. B., R. A. BERMAN, E. A. MACLAGHLAN and J. K. WOLFE: J. clin. Endocr. 1, 668 (1941).
[420] EBERLEIN, W. R., A. M. BONGIOVANNI and C. M. FRANCIS: J. clin. Endocr. 18, 300 (1958).
[421] OERTEL, G. W., I. BECKMANN and K. B. EIK-NES: Arch. Biochem. 86, 148 (1960).

[422] OERTEL, G. W., und E. KAISER, Klin. Wschr. **31**, 492 (1961).
[423] BONGIOVANNI, A. M., and G. W. CLAYTON: Johns Hopk. Hosp. **94** 180 (1954).
[424] FOTHERBY, K., and D. N. LOVE: J. Endocr. **20**, 157 (1960).
[425] BONGIOVANNI, A. M., and W. R. EBERLEIN: Analyt. Chem. **30**, 388 (1958).
[426] HERMAN, W., and L. SILVERMAN: Proc. Soc. exp. Biol. **94**, 426 (1957).
[427] COX, R. I.: J. biol. Chem. **234**, 1693 (1959).
[428] COX, R. I., and M. FINKELSTEIN: J. clin. Invest. **36**, 1726 (1957).
[429] FINKELSTEIN, M., and S. GOLDBERG: J. clin. Endocr. **7**, 1063 (1957).
[430] FINKELSTEIN, M.: Acta endocr. **30**, 489 (1959).
[431] CHEN, C., and H. E. TEWELL: Fed. Proc. **10**, 377 (1951).
[432] MADER, W. J., and R. R. BUCK: Analyt. Chem. **24**, 666 (1952).
[433] CHEN, C., J. WHEELER and H. E. TEWELL: J. Lab. clin. Med. **42**, 749 (1953).
[434] MEYER, A. S., and M. C. LINDBERG: Analyt. Chem. **29**, 813 (1955).
[435] TOUCHSTONE, J. C., and C. T. HSU: Analyt. Chem. **27**, 1517 (1955).
[436] IZZO, A. J., E. H. KEUTMANN and R. B. BURTON: J. clin. Endocr. **17**, 889 (1957).
[437] JENSEN, C. C., Acta endocr. **30**, 222 (1959).
[438] BARTON, D. H. T., T. C. MCMORRIS and R. SEGOVIA: J. chem. Soc. 2027 (1961).
[439] REDDY, W. I., Metabolism **3**, 489 (1954).
[440] HERTOGHE, J., J. CRABBÉ, A. DUCKERT-MAULBETSCH and A. F. MULLER: Acta endocr. **20**, 193 (1955).
[441] HARWOOD, C. T., and J. W. MASON: J. clin. Endocr. **16**, 790 (1956).
[442] SILBER, R. H., and R. D. BUSCH: J. clin. Endocr. **16**, 1333 (1956).
[443] APPLEBY, J. I., J. K. GIBSON, J. K. NORYMBERSKI and R. D. STUBBS: Biochem. J. **60**, 453 (1955).
[444] BIRKE, G., E. DICZFALUSY and L. O. PLANTIN: J. clin. Endocr. **18**, 736 (1958).
[445] SOBEL, C., O. J. GOLUB, R. H. HENRY, S. L. JACOBS and G. K. BASU: J. clin. Endocr. **18**, 208 (1958).
[446] EDWARDS, R. W. H., and A. E. KELLIE: Acta endocr. **27**, 262 (1958).
[447] JORGENSEN, M.: Acta endocr. **26**, 424 (1957).
[448] DICZFALUSY, E., L. O. PLANTIN, G. BIRKE, S. INGALL and J. K. NORYMBERSKI: Acta endocr. **27**, 275 (1958).
[449] CORCORAN, A. C., and I. H. PAGE: J. Lab. clin. Med. **33**, 1326 (1948).
[450] HOLLANDER, V. P., S. DIMAURO and O. H. PEARSON: Endocrinology **49**, 617 (1951).
[451] WILSON, H.: J. Clin. Endocr. **13**, 1405 (1953).
[452] ENGEL, L. L., P. CARTER and L. L. FIELDING: J. biol. Chem. **213**, 99 (1955).
[453] TALBOT, N. B., and I. V. EITINGTON: J. biol. Chem. **154**, 605 (1948).
[454] WILSON, H., and M. B. LIPSETT: Analyt. Biochem. **5**, 217 (1963).
[455] STAUB, M. C., J. F. DINGMAN and K. W. FESTER: J. clin. Endocr. **21**, 148 (1961).
[456] BROOKS, R. V.: Mem. Soc. Endocr. **8**, 9 (1960).
[457] AYRES, P. J., O. GARROD, S. A. S. SIMPSON and J. F. TAIT: Biochem. J. **65**, 639 (1957).
[458] SOBEL, C., R. J. HENRY, O. J. GOLUB and M. RUDY: J. clin. Endocr. **19**, 1302 (1959).
[459] KLIMAN, B., and R. E. PETERSON: J. biol. Chem. **235**, 1639 (1960).

[460] JONES, K. M., R. LLOYD-JONES, A. RIONDEL, J. F. TAIT, S. A. S. TAIT, R. D. BULBROOK and F. C. GREENWOOD: Acta endocr. **30**, 321 (1959).
[461] DEMOOR, P., M. RASKIN and O. STEENO: Ann. Endocr. **21**, 479 (1960).
[462] DEMOOR, P., P. OSINSKI, R. DECKX and O. STEENO: Clin. chim. Acta **7**, 475 (1962).
[463] KLOPPER, A. I., and E. A. MICHIE: J. Endocr. **13**, 360 (1956).
[464] VENNING, E. H., and J. S. L. BROWNE: Proc. Soc. exp. Biol. **34**, 792 (1936).
[465] ASTWOOD, E. B., and G. E. S. JONES: J. biol. Chem. **137**, 397 (1941).
[466] HECHTER, O.: Proc. Soc. exp. Biol. **49**, 249 (1942).
[467] DE WATTEVILLE, H., R. BORTH and M. GSELL: J. clin. Endocr. **8**, 962 (1948).
[468] GOLDZIEHER, W., and P. NAKAMURA: Acta endocr. **41**, 371 (1962).
[469] KLOPPER, A. I.: J. Endocr. **13**, 291 (1956).
[470] MARTIN, M. M., W. J. REDDY and G. W. THORN: J. clin. Endocr. **21**, 923 (1961).
[471] BONGIOVANNI, A. M., W. R. EBERLEIN and J. CARE: J. clin. Endocr. **14**, 409 (1954).
[472] MORRIS, R.: Acta endocr. **32**, 596 (1959).
[473] UNGAR, F., B. R. BLOOM and R. I. DORFMAN: J. clin. Endocr. **20**, 1193 (1960).
[474] FUKUSHIMA, D. K., T. F. GALLAGHER, W. GREENBERG and O. H. PEARSON: J. clin. Endocr. **20**, 1234 (1960).
[475] BONGIOVANNI, A. M., W. R. EBERLEIN, J. D. SMITH and A. J. MC-PADDEN: J. clin. Endocr. **19**, 1608 (1959).
[476] BERGSTRAND, C. G., G. BIRKE and L. O. PLANTIN: Acta endocr. **30**, 500 (1959).
[477] ROSNER, J. M., J. J. COS, E. G. BIGLIERI, S. HANE and P. FORSHAM: J. clin. Endocr. **23**, 820 (1963).
[478] COPE, C. L., and E. G. BLACK: Brit. med. J. **2**, 1117 (1959).
[479] COPE, C. L., and B. HURLOCK: Clin. Sci. **13**, 69 (1954).
[480] KINGSLEY, G. R., and G. GETCHELL: Analyt. Biochem. **2**, 1 (1961).
[481] SILBER, R. H., and C. C. PORTER: J. biol. Chem. **210**, 923 (1954).
[482] KORNEL, L.: Metabolism. **8**, 432 (1959).
[483] ULICK, S., J. H. LAVAGH and S. LIEBERMAN: Trans. Ass. Amer. Physcns. **71**, 225 (1958).
[484] COPPAGE, W. S., D. ISLAND, M. SMITH and G. W. LIDDLE: J. clin. Invest. **38**, 2101 (1959).
[485] NEHER, R., and A. WETTSTEIN: J. clin. Invest. **35**, 800 (1956).
[486] AYRES, P. J., J. BARLOW, O. GARROD, S. A. S. TAIT, J. F. TAIT and G. WALKER: Scand. J. clin. Lab. Invest. **10**, 29 (1957).
[487] DYRENFURTH, M., and E. H. VENNING: Endocrinology **64**, 648 (1959).
[488] MOOLENAAR, A. J.: Acta endocr. **25**, 161 (1957).
[489] MATTOX, V. R., and M. L. LEWBART: J. clin. Endocr. **19**, 1151 (1959).
[490] SIEGENTHALER, W. E., A. DOWDY and J. A. LUETSCHER: J. clin. Endocr. **22**, 172 (1962).
[491] KLIMAN, B., and R. E. PETERSON: Fed. Proc. **17**, 255 (1958).

MIX
Papier aus verantwortungsvollen Quellen
Paper from responsible sources
FSC® C105338

If you have any concerns about our products,
you can contact us on
ProductSafety@springernature.com

In case Publisher is established outside the EU,
the EU authorized representative is:
**Springer Nature Customer Service Center GmbH
Europaplatz 3, 69115 Heidelberg, Germany**

Printed by Libri Plureos GmbH
in Hamburg, Germany